KB139161

우연의 과학

GUZEN TOWA NANIKA
by Kei Takeuchi

First published 2010 by Iwanami Shoten, Publishers, Tokyo.
This Korean edition published 2014
by Yoon Publishing Company, Seongnam
by arrangement with the proprietor c/o Iwanami Shoten, Publishers, Tokyo.

자연과 인간 역사에서의 확률론

우연의 과학

다케우치 케이 지음
서영덕 · 조민영 옮김

윤출판

한국어판 서문

나는 오랜 세월 수리통계학의 연구와 응용에 몸담아왔다. 수리통계학에서는 우연적 변동을 확률로 표현하고, 통계적 방법으로 처리한다. 이를 통해 우연에 합리적으로 대처할 수 있다고 여겨왔다. 즉 우연은 확률론과 통계학으로 극복되었고, 이언 해킹의 표현을 빌리자면, 우연을 길들일 수 있게 되었다.*

그러나 나는 이러한 생각에 의문을 품고 있었다. 나의 의문은 이 책을 쓰면서 점차 확실한 모습을 띠게 되었다.

우연에는 두 가지 형태가 있다. 하나는 복수의 우연이 서로 상쇄하는 형태로 작용하는 경우이고, 다른 하나는 우연이 서로 누적되어 상황이 점점 변해버리는 경우이다. 전자를 덧셈적 우연, 후자를

---

* 이언 해킹Ian Hacking 『우연을 길들이다The Taming of Chance』. 모든 주석은 옮긴이가 적은 것임.

곱셈적 우연이라고 하자. 전자의 예는, 주사위를 던졌을 때 나오는 숫자는 우연으로 변동하지만 여러 번 던지면 특정한 숫자가 나오는 빈도가 $\frac{1}{6}$로 수렴하는 경우이다. 후자는 많은 사람이 여러 차례 도박을 하면 대다수는 가진 돈을 잃지만 소수의 '운 좋은' 사람이 점점 더 많은 돈을 걸어 큰돈을 따게 되는 경우이다.

확률이나 그에 기초한 기댓값에 대해 큰수의 법칙*이 성립되는 것은 덧셈적 우연이고, 곱셈적 우연에서는 일반적으로 성립되지 않는다.

덧셈적 우연에서는 하나의 현상이 미치는 영향은 많은 현상 속에서 쉽게 사라져버린다. 그러나 곱셈적 우연에서는 하나의 현상은 다음 현상의 출발점이 되어 마지막까지 그 추이를 결정한다.

통계적 방법은 항상 기댓값을 기준으로 하며, 따라서 그것이 현실에서 유효한 것은 큰수의 법칙이 성립하는 경우이다. 즉 통계적 방법으로 처리할 수 있는 것은 덧셈적 우연이다.

곱셈적 우연, 즉 한 번의 우연적 현상이 결정적 의미를 가지는 경우에 기댓값은 의미가 없다.

사람은 인생에서 많은 우연, 즉 '행운'이나 '불운'을 만난다. 그 중에는 나머지 생에 결정적인 의미가 있는 것도 있다. 불행히도 우

---

* 큰수의 법칙(law of large numbers)은 큰 모집단에서 무작위로 뽑은 표본의 평균이 전체 모집단의 평균과 가까울 가능성이 크다는 확률과 통계의 기본 개념이다. (69쪽 〈큰수의 법칙〉 참조.)

연한 사고가 목숨을 잃는 일이라면, 그 이후의 인생은 없다. 그러한 일이 발생할 가능성, 즉 확률이 낮더라도 일단 발생하면 그것으로 끝이다. 같은 상황이 반복해서 일어나면 그중에서 특정한 결과가 되는 비율이 낮다고 해도 의미가 없다. 인생은 한 번뿐이기 때문이다.

우연이 결정적인 의미를 지니는 것은 개인의 인생에 국한된 것이 아니다. 기업이나 국가 차원에서도 예측할 수 없는 우연적 사건이 결정적인 영향을 미치는 일이 있다. 혹은 중요한 자리에 있는 사람이 우연히 내린 결정이 상상할 수 없는 결과를 내는 경우도 있다. 그런고로 어떠한 조직도 우연의 영향에서 완전히 벗어날 수 없다.

사람들은 이러한 우연에 대처하기 위해 여러 가지 방법을 생각해 왔다. 예를 들어 보험이라는 것은 '불운'의 영향을 되도록 작게 하는 한 가지 방법이다. 그러나 보험으로 우연의 영향을 충분히 제어할 수 있는 것은 보험회사일 뿐, 보험에 가입하는 쪽은 그렇지 못하다. 보험회사에서는 가입자의 사망확률에 보험지급액을 곱한 것과 가입자가 낸 보험료의 차이가 기대이익이 되는데, 큰수의 법칙에 따라 거의 확실히 보장된다. 그러나 가입자 개인으로서는 사망이라는 사건이 결정적이어서 사망보험금이 (본인이 아닌 가족에게) 지급된다고 해도 보상되는 것은 아니다. 물론 보험금을 받는 것이 가족에게는 손실을 줄이는 일이지만 가족의 일원을 잃은 것에 대한 보상이 되는 것은 아니다. 그러므로 개인의 관점으로는 사망 시 받는 보험금액에 사망확률을 곱한 것과 본인이 내야 할 보험료를 비교해, 전자가 크면 '유리'하므로 보험에 가입해야 한다는 논리는 성립되지 않는다. 물론 사람은 여러 가지 조건을 고려해서 보험 가입을 결정할 것이다. 그러나 사망했을 때 (가족이) 받는 보험금과 현재 자신이 내는 보험료는 원래 차원이 다른 것이므로, 사망확률로 간단하게 비교할 수 있는 것은 아니다.

일본에서 이 책이 출판되고 얼마 뒤, 2011년 3월 11일 동일본대지진이 발생해 일본 동북지역 태평양 연안의 넓은 지역에 커다란 피해를 줬다. 이에 동반하여 발생한 후쿠시마 제1 원자력발전소 사고는 아직도 완전히 수습될 기미가 보이지 않고, 사후 처리는 몇십 년이 걸릴 것으로 생각된다.

대지진 이후 "상상 밖의 사태였다."고 종종 말하기도 한다. 이것이 "전혀 상상할 수 없었다."라는 의미라면 마땅히 틀린 말이다. 대지진이나 쓰나미가 일어날 수 있다는 것은 이미 그 전에 생각했을 것이다. 하지만 그러한 일이 일어날 가능성 또는 확률이 극히 낮다고 판단했다고 해도, 그것이 잘못이라고 몰아붙일 수는 없는 일이다.

동일본대지진 이후, 일본 전역에서 앞으로 일어날지도 모르는 대지진, 쓰나미 등에 어떻게 대비해야 할지가 새삼스럽게 큰 문제가 되었다. 이때 어떤 일이 있어도 괜찮을 수 있도록 충분히 대비해야 한다는 식의 생각은 성립하지 않는다. 일어날 수 있는 천재지변은 다양하고, 그 모든 것에 대해 충분한 대비책을 마련하는 것은 사실상 불가능할뿐더러 막대한 비용이 들어가므로, 만약 재해가 일어나지 않는다면 쓸데없는 일이 되고 만다. 재해가 발생할 가능성의 크기 또는 확률과 발생할 경우의 손해의 크기 그리고 대책에 드는 비용을 비교해 결정해야 한다. 그러나 이 경우 기댓값의 계산은 의미가 없다. 천 년에 한 번 발생하는 대지진이 앞으로 50년 안에 일어날 확률이 5%라고 말할 수는 있어도 같은 말을, 50년이라는 기간을 반복하면 20번 중에 한 번은 그러한 대지진이 일어나는 것이라고 할 수는 없다. 그리고 지금부터 50년 안에 대지진이 일어나느냐 일어나지 않느냐 둘 중 하나이지, 0.05회 일어난다고 할 수도 없다. 또한 특별한 대책을 마련하지 않으면 1만 명의 사망자가 나올 거라는 점이 예측된다고 해도, 앞으로 50년 동안 대지진으로 인한 기대 사망자 수가 1만 명의 5%인 5백 명, 따라서 1년에 10명이라는 등의 계산도 무의미하다. 사망자는 대지진이 일어나면 1만 명, 일어나지 않으면 0명이다.

여기서 선택해야 할 것은 사망자 수라는 기댓값을 기준으로 대책을 생각하는 것이 아니라, 5%라는 확률이 충분히 낮다고 판단해 "50년 안에 그러한 지진이 일어나는 일은 없을 것이다."라며 대책을 마련하지 않기로 하든지, 아니면 무시할 수 없는 크기이므로 만에 하나 일어날 경우를 생각해서 인명 손실을 줄이기 위한 대책을 마련하든지, 둘 중 하나이다. 여기서 말하는 '확률'이 지진 발생의 자연적인 구조 안에 객관적으로 존재하는 것이 아니라, 불확실성에 관한 전문과학자의 판단, 이를테면 '주관적 확률'이라는 점을 고려한다면, 위의 두 가지 중 어느 쪽이 '합리적'이라고 결정할 수 없다.

개인의 관점에서도 작은 위험은 과감히 무시하고 '모험'할 것인지, 모든 위험을 고려해 '신중'하게 행동할 것인지는 선택의 문제이고, 어느 쪽 결과가 좋을지는 모르는 일이다. 마찬가지로 사회에서도 불확실한 위험을 어디까지 고려해서 어떤 대책을 택할 것인지는 선택의 문제이고, 거기에 객관적 합리적인 기준은 존재하지 않는다. 정책 결정과 관련된 경우에는 정치적 결정이 된다.

이러한 문제에 관해 어떤 식으로 생각하고 어떻게 사회적 합의를 형성하여 정치적 결정을 내릴 것인지는 복잡하고 까다로운 문제이다. 전문과학자의 객관적 식견으로 또는 과학자와 '주민'이 '의논'해서 결정할 수 있는 것이 아니다.

결정적인 의미를 지닌 우연이 불러오는 것이 '불행'이나 '재난'만 있는 것은 아니다. 생각도 못한 '행운'을 만나 전혀 예상하지 못한 새로운 인생이 열리는 일도 있다. 이러한 행운은 사전에 기대효용을 계산할 수 없을 것이다.

곱셈적 우연은 인간과 사회에만 연관된 것이 아니다. 자연계, 특히 생명계에서 큰 의미를 지닌다.

다윈의 진화론은 19세기 과학뿐만 아니라 일반 사상에도 큰 영향을 미쳤다. 그러나 진화 자체는 인정받았음에도, '돌연변이'와 '자연선택'에 따른 생물의 진화라는 사상은 좀처럼 이해되지 못했다고 생각한다. 진화가 '돌연변이', 즉 '우연적 변화'에 따라 일어난다는 사고방식은 결정론적 과학이 완전히 지배하던 19세기에는 이해되기 힘든 것이었다. 더욱이 19세기에는 문명사회의 '진보'라는 사고방식이 폭넓게 신봉되고 있었으므로, 진화론은 생물의 세계에서도 진화=진보가 필연적임을 증명한 것이라고 이해(오해?)되었다. 생물의 진화가 우연적인 것이 아니고 일정한 방향성을 가진다는 사고방식은 최근에 이르기까지 여러 가지 형태로 주장되었다. 우연성을 덧셈적인 것으로만 이해하는 한, 진화가 우연에 따라 발생한다는 것은 당연히 이해하기 어렵다. 큰수의 법칙에서 살짝 벗어난 '흔들림'이 쌓여 생물의 진화가 일어났다는 것은 믿기지 않는 일이다.

생물의 진화에서 우연의 역할은 DNA의 발견에 따라 비로소 이해할 수 있게 되었다. '돌연변이'를 일으키는 것은 DNA의 변화이다. 그것은 우연히, 확률적으로 일어난다. 그러나 그 영향은 덧셈적으로 일어나는 것이 아니다. 진화를 불러오는 '돌연변이'는 많은 유전자의 변화를 가져오는 미소한 변화의 합으로 일어나는 것이 아니다. 유전자 변화의 영향은 누적적으로 생기는 것이다. 때로는 하나의 유전자 변화가 한 번에 큰 형태 변화를 초래하기도 한다. DNA의 변화는 끊임없이 일어나므로, 그 결과로서 생물의 진화는 필연적이다. 그러나 변화가 어떠한 방향으로 일어날지는 완전히 우연적이고, 생물의 형태가 이토록 다종다양한 것은 자연선택에 근거한 우연의 산물이기 때문이다.

우연이 덧셈적인 것으로만 이해되었을 때는 필연성의 발현을 방해하는 잡음으로 취급되었다. 따라서 큰수의 법칙을 통해 그 영향을 배제하고 우연의 배후에 있는 필연을 밝혀야 한다고 생각되었다.

그런데 곱셈적 우연은 필연성을 넘어 새로운 것을 만들어내는 것, 또는 새로운 필연을 만들어내는 것이라고 해도 좋다. 생물의 출현이 그러한 사실을 보여 주고 있다.

필연이 모든 것을 지배하는 세계는 본질적으로 새로운 것을 만들어 내지 않는 세계이다. 그것은 열역학 제2 법칙이 보여주듯이 균일성으로 쇠퇴하는 세계이다.*

본질적으로 새로운 것이란, 정의(定義)에 따르면 대부분 우연의

* 열은 스스로 차가운 물체에서 뜨거운 물체로 옮겨갈 수 없다. 즉 에너지의 흐름은 엔트로피가 증가하는 방향으로 흐른다는 것이다. 엔트로피가 증가하면 무작위 상태가 되고 완전한 무작위 상태는 완전한 균일성을 의미한다.(80쪽 〈무작위 현상〉 참조)

산물이다. 하지만 새로운 것을 만들어 내는 우연은 자연계에도 인간계에도 차고 넘치는 것은 아니다.

우연은 필연의 단순한 방해물 따위가 아니라 이 세상을 활기차고 가치 있는 것으로 만드는 근본적인 요소이다.

이것이 내가 이 책을 통해 전하고 싶었던 가장 중요한 메시지이다.

2014년 8월 6일

이 책의 주제는 '우연'이다. 우리는 인생을 살아가면서 예측하지 못한 일이나 설명할 수 없는 것과 만나게 된다. 그러한 사건이 자신에게 좋은 일이라면 '행운'이라고 생각하고 나쁜 일이라면 '불운'이라고 생각할 것이다. 어쩌다 산 복권이 1등에 당첨되었다면 행운이라고 생각하고, 신호를 지키며 주의 깊게 운전했음에도 난폭하게 운전하는 자동차에 부딪혔다면 불운이라고 탄식할 것이다.

옛사람들은 이럴 때 자신이 알지 못하는 무언가의 의도에 휘말려 일어난 일이라고 생각했다. 복권에 당첨되는 것은 자신이 행한 착한 일에 신이 응답한 것이라고 해석했고, 사고가 난 것은 무언가의 악의(惡意) 또는 저주 때문이거나, 전생에 한 나쁜 짓 또는 지금까지 다른 사람에게 들키지 않고 벌도 받지 않았던 나쁜 짓에 대한 천벌이라고 생각했다.

합리적으로 생각하는 근대인은 초자연적인 신의 의지나 눈에 보이지 않는 곳에서 작용하는 인과응보 같은 사고방식은 받아들이지 않으므로, 이러한 운이나 불운도 단지 '우연'일 뿐이라고 생각했을 것이다. 자신에게 좋은 우연은 '행운'이고 나쁜 우연은 '불행'일 뿐, 자신에게 일어나게 된 특별한 이유는 없다고 생각했다. 이처럼 '우연'이란 반드시 일어난다고도 일어나지 않는다고도 할 수 없고, 발생하는 정도에는 차이가 있는데, 그것을 표현한 것이 '확률'이라고 배운 적이 있을지도 모른다. 그래서 자신에게 좋은 일이면 일어날 확률이 되도록 높아지도록 하고, 안 좋은 일이면 확률이 낮아지도록 하는 행동이 '합리적'이라고 배웠을 수도 있다.

최근의 수학이론에서 우연은 '불확실성'이라는 말로 바뀌었고, 그에 따른 손실은 '리스크'라고 부른다. 확률론을 중심으로 하는 수학이론에 따라 손실을 처리하는 '리스크 관리' 방법이 연구되고 있다. 이 방법으로 운, 불운이라는 알 수 없는 것에 좌우되지 않고, 우연에 합리적으로 대처할 수 있다고 배웠을지도 모른다.

하지만 그것으로 이야기가 끝나는 것일까. 우연이라는 문제는 그것으로 해결된 것일까. 모든 것을 '확률'과 '기댓값'으로 나누면 그것으로 충분할까.

우연의 문제에는 두 가지 면이 있다. 하나는 객관적인 대상으로서 우연이란 무엇이냐는 문제이다. 즉 '우연 현상'이란 무엇을 의미하느냐는 문제이다. 다른 하나는 개인이나 집단 또는 사회가 우연에 대하여 어떻게 주체적으로 관계할 것이냐는 문제이다.

우연(偶然)은 필연(必然)의 반대이다. 즉 필연이 아닌 것이 우연이다. 따라서 '우연이란 무엇인가'라는 질문은 '필연이란 무엇인가'와 표리 관계에 있고, 한쪽의 답은 필연적으로 다른 쪽의 답을 이끌어낸다.

그런데 잘 생각해 보면, '필연이란 무엇인가'라는 질문에 대한 답은 절대 간단하지 않다. 이 질문은 우주에 질서를 부여하는 것이 무엇이냐는 질문을 포함해서 철학의 근본 문제와 연관된다. 모든 종교에서도 이것이 근원적인 문제이다. 근대과학의 우주관은 이에 대해 기계적 인과론이라는 하나의 관점을 밝히고 있지만, 그러한 관점 자체가 과학으로 검증된 것은 아니다. 즉 과학에서는 "원칙적으로 검증 가능한 과학적 법칙으로 설명되는 사상(事象)* 만이 필연적이다."라고 주장하지만, 이 말 자체는 과학적으로 증명할 수 있는 것이 아니다. 더욱이 뉴턴 역학적 우주관에서는 "모든 사상은 수학적으로 표현할 수 있는 역학적 법칙을 따른다. 그러므로 필연적이다. 이 우주에 우연적인 것은 원래 존재하지 않는다."라고 본다. 인간에게 우연으로 보이는 것은 대상에 대한 지식이 부족해서 그렇게 생각될 뿐이고, 우연이란 그저 '무지'의 결과에 지나지 않는다고 라플라스**는 주장했다.

---

* 사물(事物)과 현상(現象)

** 라플라스(1749~1827) : 프랑스의 수학자 · 천문학자. 수학적 물리학 창시자의 한 사람으로 명저 『천체역학』은 뉴턴 이래의 천체역학을 집대성해, 그 분야의 기초가 되었다. "초기조건을 알면 모든 일을 예상할 수 있다."는 주장에 후세 사람들은 '라플라스의 악마'라는 이름을 붙였다.

20세기의 양자물리학은 뉴턴 역학의 결정론을 부정하고 비결정론을 채택했다고 한다. 즉 모든 사상은 확률적으로만 예측할 수 있다고 여겼다. 이때 '확률'이 무엇을 의미하느냐에 관해서는 물리학자들 사이에서도 생각이 분분하므로, 단순히 뉴턴의 결정론이 비결정론으로 바뀌게 되었다는 따위의 경솔한 언급은 피하고 싶다. 현대물리학은 비결정론이라고 불리면서도, 한편으로는 소립자의 미시적 수준부터 우주 전체의 초 거시적 수준까지 그리고 우주발생 시점부터 무한의(또는 우주 소멸의) 미래까지, 우주의 모든 현상이 수학적으로 표현되는 몇 가지 기본 법칙으로 기술된다는 것을 굳게 믿고 있다. 따라서 그 법칙이 확률적으로 표현되었다고 해도 그것은 그 '확률'이 완전히 결정되어 있다는 의미이며, 이른바 '초(超)결정론'이라는 것에는 변함이 없다. 그러므로 양자역학에서 불확정성 또는 비결정성을 '우연'이라는 말로 바꿔 놓아도 되는지, 또는 '우연'이라는 것의 본질이 양자론적 불확정성에 따른다고 해도 되는지 아닌지는 간단히 대답할 수 없다.

그러나 "모든 것은 필연이고, 원리적으로는 현재부터 무한의 과거까지, 또는 우주의 시작까지 거슬러 올라가 알 수 있다. 또한 무한의 미래까지 확률적 형태로 예측할 수 있다. 현재 가능하지 않은 것은 인류의 지식이 부족하기 때문이다."라는 사고방식은 정말 수긍할 수 있을까. 이 우주에는 더 본질적인 의미의 '우연'이라는 것이 존재하는 게 아닐까.

또한 확률과 기댓값을 정확히 계산함으로써 운, 불운이라는 '불합리'한 생각에 기대지 않고 우연의 영향에서 벗어날 수 있을까.

오히려 확률논리가 바르게 적용되면 어떤 사건이 일어날 가능성에 대해 그 이상 깊게 파고들어 갈 수 없으므로, 실제로 그 일이 일어나고 안 일어나고는 우연이며 그 일을 겪는 사람에게는 '행운' 또는 '불운'이라고밖에 말할 수 없을 것이다. 그렇다면 우연을 어떻게 받아들이면 좋을까.

이 책의 목적은 '우연'을 어떻게 파악할 것인가에 관해 위 두 가지 관점에서 논하는 것이다.

객관적 사상(事象)에 대한 우연성의 문제와 우연히 일어나는 사건(偶發性)에 어떻게 주체적으로 관계할 것인가의 문제는 사실 서로 연결되어 있다.

뉴턴의 우주관에서는 모든 현상이 물리 법칙으로 완전히 결정되어 있을 뿐만 아니라, 그 법칙성은 인간이 얼마든지 정확하게 알 수 있다고 여겼다. 인간이 '진리'를 획득했다고 말할 수는 없지만, 과학으로 진리에 무한히 가까워질 수 있다고 생각했기 때문이다. 따라서 인간의 '무지' 때문에 우연이라고 생각되는 현상이 발생한다고 해도, 지식의 진보로 우연의 범위는 점점 축소되어야 하는 것이었다. 즉 우연은 일시적, 과도적으로 끝나야 하는 것이었다.

그러나 과연 맞는 말일까. 인간의 '앎(知)'에 절대적인 한계가 없다고 생각하는 걸까. 인간 지식에 한계가 있다는 것이 과학의 진보에 일정한 한계가 있다는 것은 아니다. 과학 또는 다른 형태의 앎(知)이 아무리 진보하더라도, 우주 전체와 그 안의 모든 현상을 파악하는 것은 불가능하다. 그렇다면 인간의 '무지'로 남는 영역이 존재한다. 거기에 속하는 현상은 '본질적 우연'이라고 말해야 하지 않을까.

본질적 우연이 존재하고 인간의 삶에 영향을 미친다면, 인간이 완전히 합리적으로 행동하는 것은 불가능하다. 그렇다면 '우연'에 어떻게 주체적으로 관계할 것인지는 삶의 방식으로서 중요한 문제이다.

결론부터 말하자면 확률론의 도입으로 '우연'을 극복했다는 것은 자연에 관한 인식으로서도, 인간 삶의 방식으로서도 옳지 않다고 생각한다. 이것을 설명하는 것이 이 책의 목적이다.

차례

4장 우연의 적극적 의미

5장 우연의 지배에서 벗어나기

6장 역사 발전과 우연의 재발견

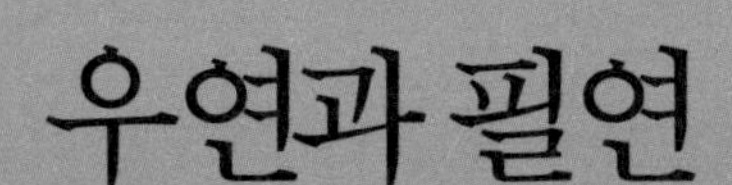

우연과 필연

이렇게 하여 우주는 근대과학으로 단순명쾌한 것이 되었다.
다시 말해 모든 것은 인과법칙으로서 물리법칙을 전적으로 따르고
무한한 과거부터 무한한 미래에 이르기까지
변할 일은 없다고 생각했다.
완전한 결정론의 세계이며
우연이라는 것이 들어갈 여지는 아예 없어졌다.

01
우연이란 무엇인가

반대말로서 우연과 필연

우연과 필연은 짝을 이루는 개념으로 생각된다. 즉 우연은 필연의 반대이다. 필연이란 사물의 관련이나 일의 발생에는 마땅한 이유가 있고, 그렇게 될 수밖에 없는 것을 말한다. 반대로 우연이란 충분한 이유 없이, 그렇게 되지 않을 수 있었음에도 '우연히' 그렇게 된 것을 말한다.

우연이 필연의 반대라면, 우연이란 무엇이냐는 질문은 또한 필연이란 무엇이냐는 질문을 뜻한다.

그런데 당연하다는 듯이 우연과 필연이 짝을 이룬다고 했지만, 실은 일본어(한자어)에 해당하는 것이지, 다른 언어에서는 그렇지 않다. 예를 들어 영어에서 우연에 해당하는 단어는 다음과 같은 것들이 있다.

accident, chance, eventuality, fortuity, haphazard.

필연에 대해서는

necessity, inevitability, ……

여러 단어 가운데 어느 것이 '우연과 필연'에 대응하는 영어인지 물어보면 대답하기 곤란하다. 특히 주의할 점은 우연과 필연에 각각 대응하는 단어가 여럿 있지만 그중에 명확히 짝을 이루는 말은 없다는 것이다.

다른 언어에 대해서는 나도 밝지 않아서 잘 모르지만, 적어도 유럽어 중에서 '우연과 필연'이 짝을 이루는 언어는 존재하지 않는다고 한다.

그러면 반대로 우연과 필연이라는 짝 개념이 생긴 것은 '필연'일까, 아니면 '우연히' 일본어(한자어)의 특수성에서 나온 것일까. 특히 추상적인 상태를 나타내는 말을 만들 때 널리 쓰이는 '연(然)'이라는 글자가 양쪽에 들어 있어서 친근한 개념이라는 인상을 준 것은 아닐까. 이러한 의문이 들 수도 있다.

이 문제는 더 파고들지 않겠다. 차라리 일본어(한자어)의 특성 때문에 어쩌다가 우연과 필연이라는 짝 개념이 나타났다고 해도, 나는 그것을 행운이라고 생각하고 싶다. 그리고 이 책에서는 끝까지 '우연과 필연'을 짝으로 생각하겠다.

우연과 필연을 짝으로 생각할 때, 우연에서 출발하여 "우연이 아닌 것이 필연이다."라고 하기보다는 "필연이 아닌 것이 우연이다."라는 쪽이 역시 자연스럽다. 따라서 '우연이란 무엇인가'를 묻기 전에 먼저 '필연이란 무엇인가'를 논해야 한다.

철학적으로 보면

이 문제에 관해서는 옛날부터 철학자들 사이에서 여러 가지 논의가 있었다.

『우연이란 무엇인가』라는 저서(1935년 발행)를 집필한 철학자 구키 슈조(九鬼周造)는 우연성을 필연성의 부정으로 정의한 뒤, 필연성이란 무엇이냐는 것에서 논의를 시작하고 있다.

구키는 필연의 규정을 (1) 개념성(概念性) (2) 이유성(理由性) (3) 전체성(全體性) 3가지로 나누고, 각각을 (1) 개념과 속성의 관계 (2) 이유와 결과의 관계 (3) 전체와 부분의 관계로 파악했다. 그리고 이 세 가지 필연을 (1) 정언(定言)적 필연, (2) 가설(假說)적 필연, (3) 이접(離接)적 필연이라고 이름 지었다.•

이것은 필연성을 세 가지로 표현한 것이며, 각각을 부정하는 우연성도 세 가지로 구별해 (1) 정언적 우연 (2) 가설적 우연 (3) 이

• 이를 논리학적으로 간단하게 표현하면, 정언 명제는 'S는 P이다', 가설(가언假言) 명제는 '만약 P이면 Q이다', 이접 명제는 'P 또는 Q'라고 할 수 있다. 논리학적 접근이 어렵다면, 이 책에서 우연은 오로지 '인과적 우연'으로 한정한다는 저자의 주장을 이해하고 건너뛰어도 좋다.

접적 우연에 관해서 논하고 있다.

논리적 필연성

정언적 필연은 개념과 그 개념을 구성하는 본질적 속성의 관계를 말한다. 개념과 논리적인 내용의 관계를 의미하므로 논리적 필연성이라고 해도 좋을 것 같다. 또는 연역적 필연성이라고 해도 좋다. 이를 단적으로 나타낸 것이 수학 정리이다. 예를 들어 '삼각형 내각의 합은 180도이다'라는 정리는 삼각형이라는 개념에서 내각의 합이 180도라는 사실이 필연적으로 도출된다. 개념과 속성의 관계가 필연적이지 않은 것이 정언적 우연이다. 예를 들어 이 정리가 어떠한 언어로 표현되든지, 즉 '삼각형'이라고 하든지 'triangle'이라고 하든지 다 괜찮으므로, 정언적 우연성이라고 하는 것이다.

언어에서는 말의 내용과 그것을 표현하는 음성이나 문자기호의 형태 사이에 필연적인 관계는 없다. 말의 의미에 대해 음성이나 문자가 우연적이라는 것은 언어학의 근본적인 문제이며, 일반적으로 정보와 매체의 관계도 그렇다고 할 수 있다.

어찌 보면 이러한 관계를 '우연'이라고 부르는 것이 적절해 보이지만, 엄밀히 말하면 '필연'의 부정은 아니다. 말은 반드시 음성을 동반해야 존재할 수 있고, 수학 정리는 어떤 언어로든지 표현되어야 한다. 모든 정보 시스템은 물리적 매체가 필요하다. 다만 어떠한 음성, 언어

또는 매체인지에 대해서 필연적인 관계가 존재하지 않는 것이다.

나는 우연이라는 말을 이런 관계에 적용하는 것도 가능하다고 보지만, 이 책에서 다루는 '우연'이란 '필연'을 부정하는 것이므로 여기서는 제외하겠다.

논리적 우연은 없다

논리적 필연의 반대 개념인 논리적 우연도 존재하지 않는다는 점에 주의하자. 논리에서 필연적으로 도출되지 않는 것은 개념적으로 논리의 부정이거나 아무 관계가 없는 것이다. 전자라면 '오류'이고 후자라면 '무의미'이다. 둘 다 '우연'이라고 부를 수는 없다.

그러나 논리적으로 필연인지 아닌지 명확하지 않은 명제도 있을 수 있다. 이때 필연의 반대는 우연이 아니라 '개연(蓋然, 아마도)'이라고 해야 한다. 즉 어떠한 이유로 인해 논리적으로 완전한 전개가 되지 않은 경우, 논리적인 명제라고 해도 진위가 명확하지 않은 경우도 있다. 또한 '가설'이라고 부르는 아직 증명되지 않은 수학적 정리도 있다. 예를 들면 유명한 '리만 가설' 등이 있다. '페르마의 정리'도 이러한 상태였지만 최근에 증명이 완성된 정리로 확립되었다. 많은 수학자들이 "리만 가설은 아마도 맞을 것이다." 또는 더 강하게 "틀림없이 맞다."라고 생각하는 것 같다. 그러나 이러한 말을 "리만 가설이 맞을 확률은 1에 가깝다." 등으로 표현할 수는 없다.

논리적 명제는 본디 참과 거짓 중 하나이기 때문에, 진위가 분명하지 않은 것은 아직 증명을 발견하지 못했을 뿐이라고 생각할지도 모른다. 그러나 괴델은 참이라 할지라도 증명할 수 없는 명제가 반드시 존재한다는 것을 증명했기 때문에, 그리 간단한 문제는 아니다. 우연의 문제를 논할 때 이런 문제에 깊이 들어가는 것은 혼란을 일으킬 우려가 크므로, 여기서는 논리적인 명제는 참 또는 거짓 중 하나이고, 우연과 관계없는 것으로 해두자. 논리 중에는 귀납적 논리라는 것도 있으나 필연성을 나타내는 것은 아니다. 예를 들어 아주 많은 백조들이 하얀 것으로 밝혀져도, 백조는 필연적으로 하얗다고 할 수 없을 것이다. 실제로 검은 백조(black swan)는 존재한다.

가설적 우연을 따져 보면

구키는 가설적 우연에는 이유적(理由的) 우연, 인과적(因果的) 우연, 목적론적(目的論的) 우연 등 세 가지가 있다고 보았다. 이는 각각 충족이유율, 인과적 필연성, 목적론적 필연성을 부정하는 것이다. 또한 이유와 결과, 원인과 결과, 목적과 수단의 필연적 관계가 빠져 있다는 것을 의미한다.

이유적 우연이란 어떤 현상이 발생하는 이유와 그 결과 사이에 필연적인 관계가 결여된 것을 말한다. "모든 현상에는 반드시 어떠한 이유가 있다."라는 것을 충족이유율이라고 한다. 무슨 일이든 아무런 이유 없이 일어났다고는 생각하기 어려우므로, 사람은 늘 일어난 이유를 생각한다. 이유가 현상과 명확히 연결되어 있다면 필연적 이유라고 할 수 있지만, 그렇지 않을 때는 우연적 이유가 된다.

그런데 여기서 이유란 무엇이냐는 문제가 제기된다. 인과관계에 따른 것이라면 이유적 원인은 실은 인과적 원인이 되고, 그 사건이 만족시키는 것이 목적이라면 목적론적 이유가 된다. 둘 중 어느 쪽도 아니고 그 현상이 배후에 있는 어떤 것의 본질을 나타낸다고 생각되면, 오히려 구키가 말하는 정언적 필연이 된다. 예를 들어 "어떤 사람이 범죄를 저지른 것은 그 사람이 악인이기 때문이다."와 같은 말이다. 그러나 "악인이란 나쁜 짓을 하는 인간이다."라고 하면 "나쁜 사람이라서 나쁜 짓을 했다."라는 게 범죄의 '이유'가 되지 않는다.

인과적 필연성과 우연

과학은 모든 현상이 필연적인 법칙성을 따라 발생한다고 가정하지만, 충족이유율을 상정하는 것과는 다르다. 그 '이유'가 인과적이어야 한다고 생각하기 때문이다. 또 모든 현상이 반드시 '그래야 할 충분한 이유'를 전제로 한다는 뜻도 아니다. 모든 현상이 이미 알려진 과학적 법칙성에서 이유를 찾을 수 있는 것은 아니라는 점이 오히려 과학의 전제이다.

그러나 충족이유율이 없는 세계를 견디기 힘들다고 해서 이 세상에 전혀 이유가 없는 현상, 즉 순수한 우연이라는 것, 바꿔 말해 '기적'이라는 존재를 용인하는 것은 곤란하다. 하지만 사람들은 과학적으로 설명할 수 없는 현상에 대해 다른 이유를 찾거나 기적을 믿는 경향이 있다. 오컬트*나 사이비 과학(pseudoscience)은 여기서 태어났다.

구키는 인과적 필연성과 목적론적 우연성, 인과적 우연성과 목적론적 필연성이 연결된다고 주장했다. 즉 인과적으로 마땅히 일어난 일이 의도하지 않은 목적을 달성하는 것, 거꾸로 인과적으로는 어쩌다가 일어난 일이 의도된 목적을 실현하는 것이 있다고 논한다.

인간이 명확한 의지를 갖추고 행동할 때는 목적과 수단의 관계가 존재하고, 관계의 정합성이 문제가 된다는 것은 분명하다. 그러나 인간의 의도가 원인이고, 인간의 행동에 따라 목적을 달성하거나 달성하지 못하는 것은 그 결과이므로, 역시 인과론으로 설명할 수 있다. 이와 반대로 '목적론'이란 개인이나 집단의 의도를 넘어

* 오컬트(occult): 과학적으로 해명할 수 없는 신비적 · 초현실적 현상.

무언가가 일정한 목표를 정하고, 그것을 달성하기 위해 일체의 사물을 움직이는 것을 뜻한다. 그 '무언가'는 신일 때가 많지만 무인격적인 '운명'이나 '인연'일 수도 있다.

근대과학은 목적론의 부정을 전제하는 것이므로 목적론적 필연성, 목적론적 우연성은 근대과학에서는 의미가 없다고 할 수 있다. 뒤에 기술하겠지만, 이 견해에는 진화론이나 역사 과정과 관련한 미묘한 문제가 얽혀 있다.

인과적 우연으로 한정함

세 번째 이접적 우연은 전체와 부분의 관계로 기술되어 있다. 이때 우연성은 가능성과 비슷한 것이다. 요컨대 특정한 이유 없이 가능성 가운데 한 가지가 선택된 것이 우연이다. 가능성이 작을수록 우연성이 강하다고 볼 수 있다. 복권 일등에 당첨되는 것은 많은 번호 중에서 자신이 산 번호가 어쩌다가 선택된 것이므로 완전히 우연이다. 그러나 이는 우연성을 정의하는 문제가 아니라 그 사건이 일어날 가능성의 크기 문제이다. 가능성이 대단히 작은 사건이 일어났을 때 "그것은 완전히 우연이다."라고 하지만, 그것은 우연성의 정도 문제이지, 우연이냐 필연이냐의 문제는 아니다.

구키는 많은 철학자를 인용해 우연의 개념에 관해 여러 가지를 논하고 있으나, 나는 우연을 오로지 과학(자연과학, 사회과학과 실험심리학 등의 인간과학)과 인간의 현실생활 관점에서 생각하고 싶으므로, 형이상학적인 논의에 더는 들어가지 않으려고 한다.

이 책에서 우연이란 오로지 '인과적 우연'으로 한정한다. 즉 일어나는 일, 또는 일어난 일에 대해 과학적 논리적 필연성이 보이지 않는 사상(事象)을 우연이라고 정의하겠다. 이제 이와 관련한 문제를 이야기해 보자.

02
'신의 뜻'과 우연

우연은 왜 존재할까

인간은 자연에서 많은 '물건'에 둘러싸여 온갖 '사건'과 만난다. 이들은 인간에게 커다란 영향을 미친다. 반대로 인간은 행위를 통해 '물건'을 바꾸고 '사건'의 추이를 바꿀 수 있다. 인간은 자연의 '물건'과 '사건' 사이에 일정한 질서가 있다는 것을 발견하고, 일정한 행위가 정해진 결과를 내는 것도 경험한다. 인간은 '물건'과 '사건' 사이에 질서가 존재한다는 의미에서 필연성의 존재를 믿고, 필연성이 없으면 살아가는 것이 불가능하다.

그렇지만 사람들은 항상 무엇인지 알 수 없는 존재, 또는 이유가 완전히 설명되지 않는 일이 일어나는 것도 경험할 수밖에 없다. 요컨대 필연이 아닌 것, 즉 우연 또는 적어도 우연으로 보이는 것이 존재한다고 생각할 수밖에 없다. 그러면 어째서 우연이 존재하느냐가 중대한 문제가 된다.

애니미즘 세계의 필연

문명이 미발달한 단계에서 인간은 자연의 힘 앞에서 무력하고 자연에 농락당했기 때문에 자연 현상에서 필연과 우연을 확실히 구별할 수 없었다. 자연에 있는 모든 것, 동물은 물론 식물이나 무기물 또는 바람이나 눈과 같은 자연현상도 각각 자신의 의지로 행동하고 여러 현상을 만들어 낸다고 생각했다.

이러한 사고방식을 애니미즘(animism)이라고 불러도 좋을 것이다. 애니미즘 세계에서 각각의 현상은 그 배후에 있는 정령(精靈)의 명확한 의지로 만들어지는 것이므로, 그 안에서는 모두 필연이라고 말할 수 있다. 그러나 이 세상에는 무수한 정령이 있고, 그것이 어떤 생각을 가졌는지 인간은 알 수 없고, 또 그 정령들을 통일하는 더 큰 힘을 가진 존재도 생각하지 못했으므로, 인간에게 필연성은 존재하지 않는 것과 같았다. 인간은 그저 정령의 기분을 추측하여 희생물을 바치거나 주술에 의존하여 정령이 인간의 형편을 좋게 하도록 기분을 맞추려고 노력한 것이다.

그러나 문명이 발생하여 인간 사이에 일정한 사회질서가 생기고, 또 자연에 작용하는 기술도 발달해 자연과 어느 정도 안정적인 관계를 만들어낼 수 있게 되자, 사람들의 추상적 사고능력도 높아져 현상의 배후에 각각 다른 정령이 아닌 어떤 공통의 질서 또는 질서를 만들어 내는 존재를 생각하게 되었다. 각각의 '물건'과 '사건'은 그러한 질서에 따라 생겨나거나 일어난다고 생각한 것이다. 즉 필연성이라는 것을 의식하게 되었다.

신과 로고스

유대교, 기독교와 이슬람교에서 인간을 에워싼 질서를 만들어 낸 것은 창조주로서의 신이었다. 본디 창조주로서의 인격신(人格神)을 인정하지 않는 불교에서는 '인연'이라는 말로 표현한다. 고대 그리스 철학에서는 더 추상적인, 우주를 관통하는 원리를 탐구했다. 또 조로아스터교에서는 선과 악 두 신이 우주의 지배를 둘러싸고 싸운다고 생각했다.

전지전능한 신의 존재를 믿으면 모든 것은 신의 의지로 정해지고, 따라서 모든 것은 필연이며 우연이 일어날 여지는 없다. 인간이 이해할 수 없는 것은 인간의 이해를 넘어선 신의 '처분'이라고 생각되었다. 그러한 신의 의지는 계시를 통해 인간에게 전달되어 성서(구약, 신약, 코란)에 기록되었고, 그 모든 것은 의심해서는 안 될 진리로 여겨졌다.

이러한 사고방식을 철저하게 따르면 인간은 신 앞에서 아주 무력하고, 인간이 성서를 믿는 이상으로 신이 창조한 우주를 이해하려는 것도 우주에 작용해 자신의 바람을 달성하려는 것도 허용되지 않을 것이다. 그러나 유대교, 기독교 신앙에서도 인간이 신 앞에서 완전히 수동적인 존재라는 사고방식은 강하지 않았다고 생각한다. 인간이 신 앞에서는 무력해도 인간은, 신이 자신과 비슷하게 만든 것으로 다른 생물 위에 있는 특별한 존재로서 이성이라는 것을 받았다. 이성은 신앙을 따라야 하지만 신이 만든 우주의 질서를 이해할 수 있는 것이었다.

성서의 요한복음에는 "태초에 로고스가 있었다. 로고스는 하느님과 함께 있었다."라고 되어 있는데, 로고스('말씀'으로 번역되기도 하지만)란 우주생성의 논리라고 이해하면 될 것이다. 그래서 인간이 이성으로 이해할 수 있는 것이 아닐까.

하지만 '로고스' 자체는 하느님이 만든 것이 아닌 듯하다(태초에 하느님이 '로고스'를 만들었다고 쓰여 있지는 않다). 하느님과 로고스는 이른바 태초부터 함께 존재했다고 되어 있다. 그러면 로고스는 어떤 의미로는 하느님과 동격이므로 하느님이 로고스를 바꾸거나 없애버리는 일은 할 수 없지 않을까. 동시에 하느님이 로고스에 지배되는 것도 아닐 것이다. 만약 그렇다면 '하느님'이 아니라 '로고스'가 우주 제1 원리가 되어버린다.

유대교, 기독교, 이슬람교에서 신은 우주창조의 시작부터 '로고스'와 함께였다. 어떤 의미로는 무인격적이라고 생각되는 논리

(logic)를 나타내는 로고스에 대해 '인격신'으로 마주 놓여 있는 것은, 신이 로고스에 지배되지 않는 '자유의지'를 가진 존재라는 뜻으로 해석할 수 있다. 그래서 신은 로고스에 따라 우주를 만들었지만, 또한 그 자유의지로 우주 안에서 로고스를 따르지 않는 '기적'을 만들 수 있다는 것이다.

신의 의지와 우연

신학적인 논의에 더 깊이 들어가고 싶지 않지만 한 가지 주목할 점은, 이러한 사고방식에는 우주에서 일어나는 일 가운데에는 '로고스'라는 우주의 기본적인 논리에 따라 생겨난 것과 로고스를 뛰어넘어 신의 자유의지로 만들어진 것이 있다는 생각이 들어 있다.

로고스에 따라 일어나는 것이 본래의 필연이라면, 신의 의지로 만들어진 것은 이를테면 우연이다. 물론 그것이 신의 의지에 따른 것인 한, 근거가 없는 것은 아니다. 그러나 로고스는 본래 인간의 이성으로 이해할 수 있는 것인데 반해, 신이 행하는 '기적'은 인간의 이해를 넘어선 것으로 "신이 행한 일이다."라는 말로밖에는 설명할 수 없다. 그런 의미로 그것은 우연, 적어도 인간에게는 우연이라고 생각되는 것이다.

그런데 우연이 필연의 반대 개념이긴 해도 필연성과 모순되는 것은 아닌 데 반해, '기적'은 필연성을 명확히 부정하는 것이다. 그러한 의미로 기적을 너무 크게 인정하면 필연성은 어느새 그 이름값을 못하게 되고, 로고스는 독립성이 손상될 것이다. 논리적 정합적으로 생각해보면, 이 경우 '필연성'은 대단히 큰 가능성에 지나지 않고, 그것을 부정하는 '기적'은 가능성이 대단히 작은 우연으로 신에 의해 일어나는 것이다.

제비뽑기에 담긴 '신의 뜻'

우연 속에서야말로 '신의 뜻'이 나타난다는 사고방식은 모든 종교에 존재하고, 현대에도 사람들의 의식에 남아있다고 생각한다. 우연적인 메커니즘을 통해 '신의 뜻'을 묻는 일은 제비뽑기, 대나무점, 카드 점 등으로 널리 퍼져 있다.

제비뽑기는 공평하다고 여겨지고, 보통 사람들은 그렇게 받아들인다. 그러나 생각해 보면 이해할 수 없는 점이 있다. 제비뽑기의 결과는 항상 '불공평'한 게 아닐까. 이렇게 말하면 "사람들에게 기회가 평등하게 주어지기 때문이다."라고 대답할지도 모른다. 그러나 '기회'란 결과가 나오지 않으면 무가치한 것이 아닐까.

제비뽑기, 즉 "사람들의 권리나 의무에 대해 우선순위를 판정할 수 없을 때에는 우연적인 메커니즘으로 결정한다."라는 것은 많은 사회에서 (때에 따라서는 암묵적인) 규칙이 되어 있다.

그런데 왜 이러한 규칙이 존재할까? 사람들이 이해할 수 없는,

'되는 대로'라고 생각하는 현상에는 인간의 이해를 넘어서는 합리성(즉 신의 뜻)이 존재한다는 느낌이 남아 있다고 생각한다.

불교의 인연과 그리스의 운명

창조주로서 인격신을 인정하지 않는 불교에서는 모든 것은 인연(因緣)으로 연결되어 있다고 한다. 인간은 살아 있는 이 세계뿐만 아니라 사후 세계에서도, 또 태어나기 전의 전생에서도 인연으로 연결되어 있다. 이러한 '인연' 또는 '인과응보'의 원리는 이 세계를 관통하는 필연성이고 보편적인 일반법칙이라기보다 각각의 현상에 대해 딱 맞게 성립하는 것이다. 따라서 이러한 사고방식으로 보면 '우연'이란 존재하지 않는 것이다.

인연을 논리적으로 설명할 수는 있지만 완전히 이해 가능한 것으로 생각되지는 않는다. 차라리 무엇인가 불가능한 일, 또는 부당하다고 생각되는 일이 생겼을 때, 그것은 "전생의 인연이다"라고 생각하고 수긍해버리게 되는 것이다. 인연은 무인격적인 것으로, '신'이 아니다. 불교 가르침의 중심은 인연을 이해하는 것이 아니라 '해탈'하여 '인연'에서 벗어나 '성불'하는 것이다.

고대 그리스에서는 인간은 '운명'에 지배된다고 생각했다. 운명은 인간을 지배하는 '필연성'이지만 무엇인지 알 수 없는 것이고, 신탁(神託)을 통해 알 수 있지만 벗어나려 해도 벗어날 수 없는 것이었다. 운명은 '비극'의 주제가 되었다. 사람에게 닥치는 '우연'으로 보이는 것은 실은 필연적인 '운명'이라고 고대 그리스인들은 생각했다.

한편으로 고대 그리스에서는 철학이 발달했고, 순수한 논리적 사고의 산물로서 기하학이 만들어지기도 했다. 기하학은 현실의 도형이 아니라, 그것을 이상화한 관념상의 도형을 다루는 것이었다. 플라톤은 이 관계를 일반화해 현실의 사물 위에 그것을 이상화한 '이데아(idea)'를 상정하고, 이데아의 세계야말로 현실보다 높은 세계이고, 현실 세계는 그저 그림자일 뿐이라고 했다.

이데아의 세계는 빛나는 이념의 세계이므로 필연성만으로 이루어진 세계일 것이다. 그에 반해 현실 세계는 흐릿한 그림자의 세계이고, 거기서는 우연성이 필연성을 일그러뜨리고 있다. 우연성의 이데아란 것은 생각할 수 없으므로 우연성은 부정적인 것으로 생각했을 것이다.

고대 사람들은 우주에 질서가 존재한다는 것을 발견하고 필연성이 사물을 지배한다는 것을 인정했지만, 동시에 인간이 이해할 수 없는 일도 일어난다는 것을 받아들여야 했다. 그런데 그 일을 사소한 혼란이라고 무시할 수 없을 때에는 무언가 이해할 수 없는 '필연성'이라는 의미로 '신의 뜻' '인연' '운명' 등으로 해석했다.

이는 우연을 또 다른 종류의 '필연'으로 보는 것이고 우연의 존재를 부정하는 것이었다. 순수한 '우연', 즉 아무런 이유도 없이 발생하는 '물건'이나 '사건'의 존재를 받아들이는 것은 인간에게 어려운 일이었다.

03
뉴턴의 우주에 우연은 없다

근대과학의 결정론

17세기 뉴턴의 물리학으로 확립된 근대과학은 세계관, 우주관에 큰 전환을 가져왔다.

뉴턴은 역학의 세 가지 기본법칙과 '만유인력의 법칙'으로 우주에 존재하는 모든 물체의 운동을 엄밀히 기술하는 데 성공했다. 우주에서 일어나는 현상은 모두 기본법칙으로 기술할 수 있고, 기본법칙이 변하지 않는 한 현재 상태를 엄밀히 관측하면 과거의 상태도 거슬러 올라가서 알 수 있으며, 미래도 정확하게 예측할 수 있다고 생각했다. 이러한 설명을 가능하게 한 것이 뉴턴이 개발한 미적분법을 중심으로 한 해석학이다.

뉴턴의 우주에는 수학적으로 엄밀하게 기술되는 기본법칙에 따라 무한의 과거부터 무한의 미래까지 모든 것이 결정되어 있고, '우연'과 같은 것이 들어갈 여지는 전혀 없다. 모든 것은 필연이다.

이러한 세계관을 명확히 한 라플라스는 "특정 시점에서 우주에 있는 모든 물체의 위치와 운동 방향, 속도와 질량을 알 수 있다면, 우주에서 일어나는 모든 현상을 무한의 과거부터 미래에 이르기까지 정확히 알 수 있다."라고 주장했다. 거기에는 우연도 신의 손길도 들어갈 여지가 없다. 라플라스가 쓴 『천체역학』('하늘의 역학'이라고 번역하는 쪽이 좋겠다.)을 읽은 나폴레옹이 "여기에 신은 없는 것 같다."라고 말하자 "나는 그러한 가설이 필요하지 않습니다." 하고 대답했다는 유명한 이야기가 전해져 온다.

뉴턴법칙과 인과론

뉴턴의 우주관에는 완전한 결정론 외에 한 가지가 더 있다. 바로 인과관계를 단순화한 것이다. 아리스토텔레스는 사물의 원인에는 네 종류가 있다고 했다. 질료인(質料因), 동력인(動力因), 목적인(目的因), 형상인(形相因)이다.

질료인이란 어떤 사물이 원래 가지고 있는 본질에 따라 그 성질이나 현상이 결정된다는 것을 의미한다. 즉 여러 가지 사물이 나타내는 성질이나 행동의 차이는 사물이 원래 가지고 있는 질료의 차이에 따라 생긴다는 것이다.

동력인이란 다른 것으로부터 더해진 힘으로 어떤 현상이 일어나는 것을 말한다. 어떤 물질 또는 일이 원인이 되어 다음 일이 일어나는 경우이다.

목적인이란 어떤 목적을 달성하기 위해 어떤 일이 일어나는 것을 말한다.

형상인이란 사물이 가지고 있어야 할 모양을 말한다. 예를 들어 프톨레마이오스의 천문학에서는 천체가 지구 주위를 원운동 한다고 생각했는데, 원이 완전한 모양이기 때문이었다.

근대과학은 동력인 이외의 모든 것을 부정했다. 즉 질료인, 목적인, 형상인을 사물의 설명원리로 인정하지 않았다.

질료인에 관해서, 근대물리학에서는 존재하는 모든 것은 양적으로만 다르고 본질은 같은 물질이며 모든 현상은 물질의 운동으로 일어난다고 보았기에, '질의 차이'라는 것은 본디 존재하지 않는 것으로 생각했다.

목적인에 관해서, 중세에는 모든 것은 신의 의지로 일어난 것이고, 신은 일정한 목적을 실현하기 위해 사물을 일으킨다고 생각했다. 근대과학에서는 신의 창조 자체를 부정한 것은 아니지만 자연현상에서 신의 직접적 개입은 부정하고, 모든 현상은 과학으로 발견된 자연법칙에 따라 일어나는 것이라고 보았다. 즉 무엇인가 목적을 실현하기 위해서 신 또는 그 밖의 어떤 존재가 사물을 생성한다는 생각을 부정했다.

형상인에 관해서도, '완전한 모양'으로 표현되는 질서가 있고 그에 맞춰서 사물이 형성된다는 사고방식은 부정되었다. 지구와 행성이 태양 주위를 타원궤도를 그리며 도는 것은 타원이라는 도형의 성질에 따른 것이 아니라, 두 물체 사이의 인력이 거리의 제곱에 반비례한다는 사실에서 이끌어낸 결과일 뿐이라는 것이다.

결국 남는 것은 동력인뿐이고, 그 작용은 뉴턴역학의 세 가지 기본법칙과 만유인력의 법칙으로 완전히 기술되었다고 생각했다.

이렇게 하여 우주는 근대과학으로 단순명쾌한 것이 되었다. 다시 말해 모든 것은 인과법칙으로서 물리법칙을 전적으로 따르고, 무한한 과거부터 무한한 미래에 이르기까지 변할 일은 없다고 생각했다. 완전한 결정론의 세계이며, 우연이라는 것이 들어갈 여지는 아예 없어졌다.

심신이원론(心身二元論)

뉴턴역학의 성립에 따라 이러한 세계관이 바로 확립된 것은 물론 아니다. 뉴턴• 자신은 신에 의한 우주 창조를 굳게 믿고 있었다.

16세기 말에 발생한 역학적 우주관의 확립에 이바지한 데카르트는, 자연은 기계적 법칙을 따르지만 인간의 마음은 그와 독립하여 신과 통한다는 심신이원론을 주창했다. 심신이원론을 전제로 하

• 뉴턴은 신학자이자 연금술사이기도 했다.

면 마음은 물리 법칙을 따르는 신체와 독립해 독자적인 법칙을 가진다. 마음이 어떠한 형태로든 신체를 지배하고 사물에 작용한다면 모든 사물이 완전히 물리적인 인과법칙을 따른다고 말할 수 없게 된다. 인간이 신체의 물리적 조건에서 생기는 육체적 욕망에만 지배되는 것이 아니라, 어떤 주체적 의지를 갖고 행동한다면 일원적인 결정론은 파탄한다. 요컨대 이원론은 두 종류의 논리가 병행하여 존재함을 인정하는 것이기 때문이다.

18세기 들어 급진적 과학주의는 인간 '마음'의 독자성을 부정한다. 데카르트는 동물에 대해서는 마음의 존재를 인정하지 않았고, 동물은 물리적 법칙에 따라 움직이는 기계와 같다고 보았다. 반면 18세기 유물론자들은 인간도 본질에서는 동물과 다르지 않고, '마음'이란 육체의 일부분인 뇌의 작용에 지나지 않으며, 뇌의 작동도 물리 법칙을 따라 결정된다고 생각했다. 그러므로 인간의 생각을 포함해 모든 것은 완전히 자연법칙을 따라 결정된다.

이러한 사고방식을 따르면 인간 의식도 뇌의 물리현상이 만들어낸 것에 지나지 않고 인간의 '의지'라는 것도 뇌 안의 물질적 과정에 따라 결정되므로 '자유의지'가 있다는 생각은 단순한 환상이 된다. 하지만 데카르트적 이원론을 믿지 않는 사람도 인간의 주체적 자유의지를 완전히 부정하는 이러한 사고방식은 받아들이기 쉽지 않았다.

뿌리 깊은 인과론

아리스토텔레스처럼 원인을 네 가지로 인식하면 필연성도 네 가지로 인식하는 것이 되고, 뒤집어 말하면 우연성도 네 가지로 생각하는 것이 된다. 그러므로 어떤 사상(事象)이 우연인지 필연인지 생각할 때 어떠한 원인, 즉 어떠한 필연성을 찾느냐에 따라 답이 달라진다.

현대에도 자연과학 밖에서는 4원인과 같은 사고방식이 절대 사라지지 않았다. 이 점은 앞에서 인용한 구키의 책에도 분명히 기술되어 있다.

예를 들어 어떤 사람이 범죄를 저질렀을 때 "그 사람은 나쁜 놈이니까 나쁜 짓을 한 것이다."라고 말하는 것은, 범죄를 저지른 원인이 그가 원래 '악인'이기 때문이라고 하는 것으로 '질료인'의 사고방식이다. 이와 반대로 그가 범죄를 저지른 게 그의 환경 탓이라는 것은 범죄의 원인을 그 사람 밖에서 찾는 것으로 '동력인'의 사고방식이다. 또 현재는 별로 통용되지 않지만, 그 사람이 죽인 상대가 원래 '악인'이므로 살해된 것이 당연한 응보라고 한다면 그 사람은 자신의 의도와 상관없이 범죄행위로 '인과응보'라는 목적을 달성한 것이 된다. 이것이 '목적인'의 사고방식이다.

근대과학이 성립된 뒤에도 생물학에서는 물리적 인과론 이외에도 다른 사고방식이 강하게 남았다. 생물에는 무생물과는 다른 '생명의 원천'이라고 할 무언가가 있고, 생물체를 구성하는 물질의 물리화학적 성질 이외의 원리가 작용한다는 사고방식이 생기론(生氣論, vitalism)이라고 불리며 20세기 전반까지 남아 있었다. 또한 생물 특히 인간은 신이 일정한 의도를 가지고 창조한 것이라는 사고방식이 19세기 중반 다윈의 진화론이 나타날 때까지 지배적이었고, 이후에도 서양에 뿌리 깊게 남아 진화론에 저항했다.

자연과학 밖의 학문분야에서는 현재에도, 완전히 동력인만을 인정하는 기계적 인과론이 지배적이라고는 말할 수 없다.

04
결정론으로 설명할 수 없는 우연

완전한 지성과 인간의 무지

현실적으로 인간이 모든 것을 완전히 알아차릴 수 없고, '우연'이라고 생각할 수밖에 없는 현상이 존재하는 것은 부정할 수 없다. 그런데 앞에서 살펴본 결정론을 주장한 라플라스는, 인간이 모든 물체의 위치와 운동량을 정확히 알 수 없기 때문에 예측하지 못한다고 생각하고, 우연이란 인간의 '무지'에서 나온다고 했다. 그 경우 어떤 현상이 일어나느냐 일어나지 않느냐를 정확히 정할 수는 없지만, 일어나는 '확률'은 알 수 있다며 『확률에 대한 철학적 시론』, 『확률에 대한 해석적 이론』이라는 책을 써서, 확률의 수학적 이론을 전개했다.

책에서 라플라스는 이렇게 말한다. "완전한 지성에게는 불확실한 것은 아무것도 없고, 그 눈에는 미래도 과거와 마찬가지로 현존하는 것이리라."

여기서 '지성'이란 무엇일까. '신'의 별명이 아닐까. 이 말이 이상화된 인간 또는 인간지식의 체계를 의미하지 않는다는 것은, "더한층 진리를 추구하는 인간정신의 모든 노력은 이러한 지성에 끊임없이 가까워지려는 경향이 있으나, 인간정신은 언제나 이 지성에서 무한히 멀리 떨어져 있다."라고 쓰여 있는 데서 분명히 알 수 있다. 즉 여기에 상정된 것은 전능(全能, omni-potent)은 아닐지라도 전지(全知, omni-scient)의 신이며, 신에게는 모든 것이 필연적이라는 말이다.

그렇다면 신에게서 무한히 떨어진 인간으로서는 알 수 있는 것에 절대적인 한계가 있고, 얼마라도 신에게 다가가는 일은 할 수 없다는 뜻이 아닐까. 만약 그렇다면 '무지'는 그저 상대적 일시적인 지식의 부족이 아니라, 인간 지식의 진보로 해소되지 않는 더 절대적인 것이 아닐는지. 결국 인간에게는 모든 것이 필연적일 수 없으므로 반드시 우연이라는 것이 남지 않을까.

이 문제를 조금 다른 방향에서 생각해 보자. 도대체 라플라스의 '지성'은 어디에 있는 것일까? 만약 우주 안에 있다면, 자기 자신의 행동을 완전히 예측해야 하므로 논리적인 모순에 빠진다. 실제 그러한 지성에게는 과거도 미래도 '현존한다'고 말하고 있으므로, 4차원의 시공 밖에 있다고 생각해야 할 것이다. 또 지성은 모든 것을 분석하는 '능력'을 갖추고 있다는데, 현대의 관점으로 보면 신은 거대한 컴퓨터를 가지고 계산한다고 상상할 수 있다. 그렇다면 그 컴퓨터는 무엇으로 만들어졌을까? 만약 물질로 만들어졌다면 그 자체가 우주를 구성하는 물질의 일부(극히 작은 일부)인데, 우주의 모든 물질 운동을 기술할 수 있을까. 거기에 '모든 존재물의 상황'을 입력하려면 메모리가 절대적으로 부족하지 않을까.

바꿔 말하면, 우주의 극히 작은 일부일 뿐인 인간으로서는 신에게 있는 필연성의 극히 일부만 알 수 있는 것이 아닐까.

기본법칙과 초기조건

다시 한 번 필연성이란 무엇인가를 생각해 보자. 인간에게 필연성이란 그저 우주 안에서 그 일이 일어난다는 것뿐만 아니라, 이해 가능한 질서를 따르며 일어나는 것이라고 해야 한다. 그리고 그러한 질서는 유한한 길이의 문장 또는 수식으로 기술할 수 있어야 한다. 뉴턴역학의 기본법칙, 양자역학의 기본법칙은 분명히 우주 안의 모든 것이 따라야 할 질서를 간결한 수식으로 표현하고 있다. 단, 그 법칙으로 현실의 사상(事象)을 구체적으로 예측하려면 모든 것의 초기 조건을 정해야 한다.

그러나 뉴턴역학에서는 모든 물질이 왜 그곳에 있는지를 설명하는 이론은 전혀 존재하지 않으므로, 초기 조건은 개별적으로 관측해서 기록해야 한다. 모든 물질의 초기 조건은 무한대의 정보량을 포함하고 있으므로 우주 안에 있는 유한한 크기의 컴퓨터로는 메모리가 부족하다. 본디 현실을 설명하는 이론이란 항상 현실을 이상화하여 단순하게 하고, 더 적은 정보량으로 기술하기 위한 것이다. 따라서 그 '설명'은 현실에 대해서는 항상 근사치에 머문다.

거꾸로 말하면 현실은 항상 이론에 완전히 들어맞지 않고, 이른바 '불거지는' 부분을 포함한다. 그것이 우연으로 나타나는 것이다.

우연을 발생시키는 메커니즘

필연적인 인과관계에 지배되면서 우연으로 보이는 것을 발생시키는 경우에 관해서는 조금 더 구체적으로 생각해야 한다. 우연 현상을 발생시키는 메커니즘은 예로부터 세 가지를 꼽아왔다.

첫 번째, 초기 조건의 근소한 차이가 크거나 명확한 결과의 차이를 가져오는 경우이다.

룰렛을 생각해 보자. 룰렛은 원반이 몇 차례 돈 뒤에 공이 멈춘 '눈금'으로 결과가 정해진다. 공을 던져 넣었을 때 던진 방향과 각도에 따라 어디서 멈추는지가 결정될 것이다. 그런데 공이 적당히 매끄럽게 여러 차례 회전한다면 초기 조건이 아주 조금만 달라도 멈추는 위치는 달라진다. 이때 공이 어디에 멈추는가를 정확히 말할 만큼 초기 조건을 정확하게 재거나, 던지는 방법을 제어하는 것은 불가능하다. 따라서 그 결과는 예측 불가능하다.

간단히 말해서 룰렛에 공을 던질 때 초속(初速)만 다르게 하고, 초속이 정해지면 공이 멈추는 위치가 정해진다고 하자. 눈금은 빨강과 검정이 교대로 있고, 각각의 넓이는 똑같다. 이제 공을 몇 번 던져서 초속이 꽤 큰 폭으로 어느 정도 불규칙하게 변동한다면, 빨강에 들어갈 확률과 검정에 들어갈 비율은 거의 같을 것이다. 또 빨강, 검정이 나오는 것도 불규칙(무작위)할 것이다. (이 논의에서 초속의 변동 폭이 어느 정도 크고 완전히 규칙적이지 않다면 변동 방식이 무작위일 필요는 없다.)

이러한 논의를 따르면 주사위를 제대로 던지거나 트럼프의 카드를 잘 섞으면 결과가 무작위가 되는 이유를 설명할 수 있다.

인간의 지식으로 알 수 없는 본질적 우연

우연 현상의 두 번째는, 서로 관련 없는 두 개 또는 그 이상의 인과관계가 동시에 작용해서 생기는 것이다.

자동차가 사람을 친 경우를 생각해 보자. 차가 그 장소를 지나갈 때 사람이 그 장소를 걷는 일이 없었다면 분명히 사고는 일어나지 않았을 것이다. 그리고 차가 그 시간 그곳을 지나간 것도, 사람이 그곳을 걷고 있었던 것도 각각 이유가 있었을 것이다. 그러나 만약 차의 운전자와 보행자가 전혀 모르는 사람이라면 각자의 이유는 전혀 관련이 없고, 어쩌다가 같은 시간에 같은 장소를 지났다는 것에도 이유가 없을 것이다. 더 자세히 말하면, 운전자가 한눈을 팔았다든지 보행자가 급해서 신호를 잘못 봤을지도 모른다. 그런데 그때 운전자와 보행자가 모두 부주의했다는 것도 필연적인 연결이 없으므로 역시 우연이었다고 생각할 수 있다.

이 경우 왜 사고가 일어났는지는 설명할 수 있다. 적어도 사고가 발생하기까지의 운전자와 보행자 양쪽의 경과를 추적하는 것은 가능하다. 그러나 양쪽을 연결할 이유를 찾아내지 못한다면 이러한 현상은 예측 불가능하고, 따라서 우연이라고 할 수 있다.

이처럼 독립적인 인과관계의 교차로 나타나는 우연 현상에서 자주 보이는 것은, 개별 현상은 예측 불가능하지만 일정 기간 내에 일어나는 횟수는 거의 일정하며, 그 분포는 확률론으로 유도된 포아송분포(뒤에 설명함)를 따른다. 간단히 설명하면 두 가지 이상의 서로 관계없는 인과변수는 통계적으로 독립하여 작용하지만, 실제 사고의 경우에 이러한 설명이 반드시 현실적이지 않을 수도 있다.

우연 현상의 세 번째는, 미세한 다수 원인이 작용해서 생기는 연속적 변동이다. 예로부터 물리량의 계측 오차는 그 크기를 예측할 수 없고, 또 계측이나 계산이 틀리지 않는 한, 사후에도 설명할 수 없으므로 우연적으로 변동하는 것으로 여긴다. 2장에서 자세히 설명할 중심극한정리를 원용하여, 이러한 우연 오차는 정규분포를 따른다고 보는 일이 많다. 그러나 이는 다수의 우연 변동이 덧셈으로 누적되는 것을 전제로 한다는 점에 주의하자.

이상 세 가지 경우는 모두 '무지(無知)'가 단순히 해소될 수 없는 것을 의미한다.

우연과 확률

우주에는 필연성의 테두리에 들어가지 않는
우연성이라는 것이 존재한다.
우연성에는 큰수의 법칙을 성립시키려는
극한의 완전한 균일성을 가져오는 성질의 우연성과
누적됨에 따라 정보로 작용해
일정한 환경에서 새로운 질서를 만들어내는 우연성 두 종류가 있다.
전자는 엔트로피의 증대를 가져오지만
후자는 정보량의 증대를 초래한다.
우연히 만들어진 새로운 질서가 정보시스템에서 인식됨으로써
안정적으로 유지되는 것이다.

01
우연성의 크기, 확률

우연 현상이 출현할 가능성의 크기를 수량적으로 표현한 것이 확률이다.

확률론이 알려지기 전부터 불확실한 사건이 일어날 가능성이 "반반이다"라든가 "십중팔구 확실하다"라는 표현이 쓰이고 있었으므로, 우연성에는 정도의 차이가 있고 수량적으로 표현할 수 있다고 알려져 있었다.

이를 수학적으로 엄밀한 형태로 나타낸 것이 확률론이며, 처음에는 도박의 계산에서 출발해 페르마, 파스칼 그리고 베르누이 등에 의해 발전되었다. 이는 뉴턴역학이 발달해 수학적으로 체계화된 것과 거의 평행적으로 이루어졌으며, 라플라스가 역학과 확률론 양쪽 체계의 1단계를 완성했다.

확률의 정의

확률을 정의할 때 주사위 사례를 잘 인용한다. 즉,

> 비뚤어진 데가 없는(바른) 주사위를 던질 때, 1부터 6까지 어떤 숫자가 나오는 것도 같은 정도로 확실하다고 생각된다. 따라서 1에서 6까지 나올 확률은 모두 같은 $\frac{1}{6}$이라고 한다.

여기에서 예를 들면,

> 홀수가 나오는 경우는 1, 3, 5 가운데 하나가 나오는 것이므로, 그 확률은 $\frac{3}{6}=\frac{1}{2}$이다.

그리고,

> 주사위를 2번 던질 때, 숫자가 나오는 방식은 (1, 1), (1, 2), (2, 1), …로 36가지가 있고, 모두 같은 정도로 나온다고 생각되므로, 예를 들어 두 번 모두 1이 나올 확률은 $\frac{1}{36}$이다.

라고도 말할 수 있다.

이러한 초등적인 조합 확률론은 고등학교 수학교과서에도 나오므로 깊이 들어갈 필요는 없겠다.

객관확률과 주관확률

여기서 기본적인 문제는 '같은 정도로 확실하다'란 무엇을 의미하느냐는 것이다. 이에 관해 예로부터 두 가지 해석이 있다. 하나는,

> 이 주사위를 여러 번 던지면, 1에서 6이 나오는 횟수가 거의 같아

진다.

라는 것이며, 이러한 견해를 빈도설 또는 객관확률론이라고 한다.

또 하나는,

1에서 6이 나오는 것은 각각 같은 정도로 확실하다고 생각된다.

라는 것으로, 주관설 또는 주관확률론이라고 한다.

이 두 가지 설 안에도 뉘앙스가 다른 여러 견해들이 있고 그 사이에 많은 논쟁이 있지만, 그러한 논의는 별 의미가 없다고 생각한다.

먼저 "같은 정도로 확실하니 확률은 같다."라는 말은 그저 말을 바꾼 것에 지나지 않아서 아무것도 의미하지 않는다는 점에 주의하자. 차라리,

확률이란 사건이 일어나는 확실성의 척도이다. 반드시 일어나는 일의 확률은 1이고, 절대 일어나지 않는 일의 확률은 0이다.

라고 정의하는 쪽이 명쾌하다. 물론 어떻게 해서 '확률'을 정하느냐가 명확하지 않으면, 이 말만으로는 현실에서 무엇을 의미하는지 알 수 없다.

요컨대 이러한 정의는 "질량이란 물질의 양이다."라는 말과 같다. 이 말만으로는 질량이 무엇을 의미하는지 알 수 없다. 이에 대해 "어떤 물체의 무게, 즉 지구로부터 받는 중력의 크기는 질량에 비례한다."라는 말을 덧붙임으로써, 비로소 하나의 물질의 질량

을 정하는 것, 즉 재는 것이 가능해지고, 질량의 구체적 의미가 분명해진다. 마찬가지로 어떻게 해서 확률이 정해지는가, 즉 측정법을 지정함에 따라 의미가 분명해진다. 앞에서 설명한 두 가지 사고방식을 다시 한 번 되풀이하면 하나는,

어떤 사건의 확률이란 같은 시행을 되풀이했을 때, 그 사건이 일어나는 횟수의 비율, 즉 상대빈도이다.

라는 말이고, 다른 하나는,

어떤 사건의 확률이란 그 일이 일어나는 것에 대해 느끼는 확실성의 정도이다.

라는 말이다.

그런데 이 두 가지 표현 모두 아직 모호하다고 생각될 것이다. 실은 둘 다 더 엄밀한 정식화가 필요하지만, 이에 관해서는 뒤에 설명하겠다.

비교를 위해 말하자면,

질량이란 무게이다.

라고 할 때에도, 여기에는 어떻게 무게를 재는가 하는 문제가 남아있고, 용수철저울을 사용할 것인가, 천칭을 사용할 것인가라는 선택이 존재한다. 각각은 물리학의 서로 다른 원리에 기초한다.

질량에 관해 사족을 붙이자면,

어떤 물체의 운동량은 물체의 속도가 일정할 때 그 질량에 비례한다.

라는 명제도 있고,

운동량에 따라 정의한 질량과 무게에 따라 정의한 질량은 같다.

라는 것이 뉴턴 물리학의 기본적인 가정인데, 이를 이용하면 질량의 측정법으로서 무게를 재는 것과는 또 다른 방법도 생각할 수 있다.

확률의 수학적 정의

확률이라는 개념을 정의할 때 그것을 추상적인, 따라서 어찌 보면 아무 내용이 없는 정의와, 구체적인, 즉 실질적인 의미를 찾는 일의 2단계로 나누는 것은 번잡한 절차라고 생각할 수도 있다. 그러나 이렇게 단계를 나누는 것은 의미가 있다.

첫 번째 단계인 추상적인 정의에는 다시 몇 가지 '공리'를 덧붙임으로써 내용적인 의미를 찾는 것과는 독립적으로 수학 이론을 전개할 수 있다. 공리는 다음과 같다.

• 배반사건(exclusive events): 2개의 사건 A, B가 동시에 일어날 수 없을 때 배반이라고 한다.

•• 독립사건(independent events): 사건 A가 일어날 확률이 사건 B가 일어날 확률에 아무런 영향을 주지 않으면 2개의 사건은 독립이라고 한다.

••• 러시아의 위대한 수학자 콜모고로프는 따로따로 발전되어오던 확률론과 해석학의 측도론을 결합하여 현대 확률론의 토대를 마련하였다. 측도(測度, measure)는 집합에 일종의 크기 개념을 부여하는 함수로 볼 수 있다.

확률론의 공리

사건 A, B의 확률을 $P(A)$, $P(B)$라고 하면,

(1) $0 \le P(A) \le 1$.

(2) A가 일어날 수 없는 사건이라면, $P(A)=0$.

(3) A, B가 배반*, 즉 A와 B가 함께 일어날 수 없을 때, A 또는 B가 일어날 확률은 $P(A)$와 $P(B)$의 합이 된다.

(4) A와 B가 독립**일 때, A와 B가 함께 일어날 확률은 $P(A)$와 $P(B)$의 곱과 같다.

이보다 더 상세한 공리계(系)를 제시하며 확률의 수학이론을 상세하게 전개한 것이 콜모고로프의 측도론적 확률론***이다.

콜모고로프의 확률론

(1) 기초가 되는 사건(근원사건)의 집합을 Ω라고 한다.

(2) Ω의 부분집합들의 집합을 A라고 한다. A는 다음 조건을 만족한다.

① 전체집합 Ω 및 공집합 ϕ는 A에 속한다.

② ω가 A에 속할 때, 그 여집합 $\overline{\omega}(=A-\omega)$도 A에 속한다.

③ $\omega_1, \omega_2, \cdots, \omega_n, \cdots$(유한개, 또는 가산무한)이 A에 속할 때, 그 합집합 $\cup\omega_i$도 A에 속한다.

(3) 확률이란 A에 속하는 모든 ω에 대해 정의된 함수로서, 다음의 조건을 만족하는 것이다.

① $0 \le P(\omega) \le 1$, $P(\Omega)=1$, $P(\phi)=0$

② $\omega_1, \omega_2, \cdots, \omega_n, \cdots$이 서로 겹침이 없는 집합($\omega_i \cap \omega_j = \phi$) 이라고 할 때, $P(\cup\omega_i)=\sum P(\omega_i)$.

콜모고로프의 확률론과 보통의 조합 확률론을 비교하면, (3)-② 가산무한 집합•의 합으로 개념을 확장시킨 점이 다르다.

현실에 이러한 이론을 그대로 적용할 수는 없지만, 반대로 이 개념에 공리계와 모순되지 않는 구체적 의미가 주어진다면, 어떠한 경우에도 적용할 수 있다.

이것은 사실 확률론뿐만 아니라, 모든 수학이론에 관해서도 말할 수 있다. 수학이론은 일정한 공리계를 전제로, 객관적 사실과 관계없이 추상적인 닫힌 논리 체계로 전개된 것이다. 그것을 현실 문제에 적용하려면 수학적인 개념을 현실의 '사물'에 대응해, 수학이론에서 현실적인 '의미'를 찾아야 한다. 그리고 현실의 '사물'과 '사물'의 관계가, 대응하는 수학개념이 성립하는 공리계를 만족한다면, 수학이론에 따라 얻은 결론(정리)은 현실의 '사물'에도 정확히 들어맞는다.

현실의 '사물'과 '사물'의 관계에 수학이론의 공리가 엄밀하게 일치하지 않을 수도 있다. 그러나 거의(근사적으로) 맞는다면, 수학적으로 이끌어낸 결과도 거의 맞다.

예를 들어 기하학은 도형을 다루지만, 거기에서 다루는 것은 추상적인 완전한 도형(플라톤을 따르면 도형의 이데아)이다. 현실에서 그

• 원소의 개수가 유한이 아닌 집합. 자연수의 집합, 유리수의 집합 등이다. 무한도 크기가 다르기 때문에 실수 전체의 집합은 비가산무한 집합이라고 한다.

려진 도형이나 현실에 있는 '사물'의 모양이 추상적 도형에 대응한다 해도 기하학적인 모양과 엄밀하게 일치하는 것은 아니다. 하지만 그 모양이 거의 정확히 기하학적인 모양에 대응한다면, 그것이 가진 여러 가지 성질도 기하학적으로 도출할 수 있는 것과 거의 일치한다고 생각할 수 있다. 예를 들어 반경 10미터인 원형의 토지가 있을 때, 토지가 들쑥날쑥하거나 측정 오차가 있어서 토지 모양이 기하학적인 '원'과는 엄밀하게 일치하지 않을 것이다. 그래도 거의 정확한 원형이라고 판정한다면, 그 면적은 $\pi \times (10\text{m})^2 = 314\text{m}^2$라고 해도 좋을 것이다.

콜모고로프의 측도론적 확률론의 의의는 '확률'을 순수하게 수학적 개념으로 정의하고 그 실제적인 의미와 따로 떼서 전개함으로써, 수학적으로 매우 풍부한 이론을 만들어낼 수 있도록 했다는 점이다. 또한 확률을 객관확률론과 주관확률론, 또는 가능한 그 밖의 생각과 연결하는 것을 가능하게 했다.

수학적 정의를 현실에 연결함

다음 문제는 수학적으로 정의된 '확률'을 현실의 사건과 어떻게 연결하는가, 또는 그것을 어떻게 양적으로 정하는가에 대한 절차를 엄밀히 정하는 것이다. 이는 물체의 질량을 그 '무게'에 따라 정할 때, 재는 법과 단위를 엄밀히 정해야 하는 것과 같다.

객관확률론과 주관확률론의 사고방식을 알아보자.

되풀이해 말하지만, 한 가지 주의할 점이 있다. '확률'의 의미를 찾는 절차와 확률 개념 자체는 어디까지나 서로 다른 것이어서, 전자가 후자를 덮어버리는 것은 아니라는 점이다. 요컨대 질량은 무게에 따라 정해진다고 해도 '질량'이 곧 '무게'는 아니며, '질량'은 어디까지나 '질량'이다. 확률의 해석에서도 이 점이 중요하다.

'확률은 빈도'가 아니다

객관확률론에 따르면,

바른 주사위를 던지면 1이 나올 확률은 $\frac{1}{6}$이다.

라는 말은, 이 주사위를 여러 번 던지면 1이 나오는 횟수와 던진 횟수의 비(빈도)는 $\frac{1}{6}$이 된다는 뜻이다. 그러나 "확률은 빈도이다"라는 의미는 아니다. 객관확률론의 견해를 강조하는 일부 사람들은 이렇게 해석하여, 확률론의 개념을 일회성 사건 또는 특정한 시행에 적용하는 것을 부정한다. 예를 들어,

다음에 이 주사위를 던졌을 때, 1이 나오는 확률은 $\frac{1}{6}$이다.

라는 표현을 인정하지 않는다. 그러나 확률=빈도로 끝내려고 한다면, 굳이 확률이라는 개념을 도입하는 의미가 없어질 것이다. 예를 들어,

바른 주사위를 여러 번 던졌을 때, 1이 나올 빈도가 $\frac{1}{6}$에 가까울 확

률은 1에 가깝다.

라는 '큰수의 법칙'도

주사위를 여러 번 던져서 1이 나오는 빈도를 보는 일을 여러 번 반복 했을 때, 빈도가 $\frac{1}{6}$에 가까워지는 것의 빈도는 1에 가까워진다.

라고 말해야 할 것이다.

사람의 판단은 늘 합리적인가

주관확률론의 견해도 "확률이란 사람들이 어떻게 느끼는가를 그대로 반영한 것이다."라고 보는 것은 적절하지 않다. 주관확률은 사람의 합리적인 주관적 판단을 '확률'이라는 형태로 정리하는 절차를 정한 것인데, 현실 사람들의 판단 또는 감각이 반드시 '합리적'인 것은 아니다.

예를 들어, 복권 2장이 있는데 각각의 번호가,

1,000,000번

4,194,304번

이라면, 앞의 복권을 사는 사람은 없을 것이다. 하지만 객관적으로 생각해보면 (굳이 빈도를 끌어내지 않더라도) 이 2장의 복권이 당첨되는 일은 '같은 정도로 확실하다'라는 것은 분명하다. 그런데 이 사실을 이해하는 사람이라도 (필자를 포함해) 앞의 복권과 같은 "부자연스러운 번호가 당첨될 일은 없다."라는 심리가 작용하는 것은 피할 수

없다. 그러나 사실은,

$$4,194,304 = 2^{22}$$

이고, 이것을 이진법으로 쓰면,

$$10000000000000000000000$$

이라는 것을 안다면, 이번에는 이 번호를 사려는 사람이 훨씬 줄어들 것이다.

불확실한 사건에 관해 사람들이 가지는 주관적인 판단은 심리적 확률이라고 해야겠지만, 그것이 반드시 콜모고로프의 공리계를 충족하는 것은 아니다. 그렇다면 그것은 '합리적이지 않다'라고 할 수 있다. 그러나 2장의 복권을 비교해 "이쪽이 당첨될 것 같다."라고 생각하고 하나를 골라서 샀다고 하더라도, 그 선택이 특별히 틀렸다고 말할 수는 없다.

확률의 의미에 관해서는 5절에서 다시 언급하겠지만, 그 전에 확률이 수학에서 얻은 가장 중요한 정리를 설명하고자 한다.

02
덧셈적 우연 곱셈적 우연

큰수의 법칙

바른 주사위를 여러 번 던지면 1이 나오는 비율(빈도)은 $\frac{1}{6}$에 가깝다고 앞서 설명했는데, 이것을 확률의 언어로 표현한 것이 큰수의 법칙이다.

주사위를 세 번 던지면 세 번 모두 1이 나올 확률은 $(\frac{1}{6})^3=\frac{1}{216}$,

1이 두 번 나올 경우에는 11○, 1○1, ○11 세 가지 방식으로 나오므로

$(\frac{1}{6})^2\times(\frac{5}{6})\times3=\frac{15}{216}$,

1이 한 번 나올 확률은 $(\frac{1}{6})\times(\frac{5}{6})^2\times3=\frac{75}{216}$,

1이 한 번도 나오지 않을 확률은 $(\frac{5}{6})^3=\frac{125}{216}$가 된다.

일반적으로 n번 던져서 1이 x번 나올 확률은 다음과 같다.

$${}_nC_x\left(\frac{1}{6}\right)^x\times\left(\frac{5}{6}\right)^{n-x}$$

여기서 ${}_nC_x=\frac{n!}{x(n-x)!}$, $k!=1\times2\times\cdots\times k(k=1, \cdots, n)$,

$$0! = 1$$

이 식은 기초적인 확률론 책에 나와 있다. 예를 들어 $n=300$일 때 이 식을 이용해 계산하면,

$$P(29 \leq x \leq 61) = 0.90 \text{ 또는 } P\left(0.13 \leq \frac{x}{n} \leq 0.203\right) = 0.90$$

즉 1이 나오는 비율은 90%의 확률로 0.13과 0.203의 범위에 들어간다. n을 더 크게 하면, 1이 나오는 비율이 $\frac{1}{6} \pm \varepsilon$($\varepsilon$은 매우 작은 양수)에 들어갈 확률은 1에 가까워진다. 즉 "$\frac{x}{n}$가 $\frac{1}{6}$ 가까이에 들어갈 확률은 n이 커지면 1에 가까워진다."라는 것이 증명된다. 이 것이 큰수의 법칙이다.

큰수의 법칙은 더 일반적인 형태로 표현할 수 있다(아래 상자).

직감적으로 말하면, 독립사건의 같은 시행을 여러 차례 반복하면, 그 값의 평균값은 거의 확실하게 기댓값에 가까워진다.

큰수의 법칙

주사위 숫자의 기댓값 $E(x)$(그 값을 x라고 한다)는, 1에서 6이 나오는 확률은 모두 $\frac{1}{6}$과 같으므로, $E(x) = \frac{1}{6} \times (1+2+3+4+5+6) = \frac{7}{2}$이다. 주사위를 n번 던졌을 때 각각 나온 값을 $x_1, \cdots, x_n$이라고 하면 그 기댓값은,

$$E(x_1 + \cdots + x_n) = E(x_1) + \cdots + E(x_n) = \frac{7}{2}n$$

이 된다. 따라서 평균 $\bar{x}$의 기댓값은 $E(\bar{x}) = \frac{E(x_1 + \cdots + x_n)}{n} = \frac{7}{2}$이다. 여기서 $\bar{x}$의 확률분포를 구해서 계산하면, n이 커질 때 $\bar{x}$가 기댓값에 가깝게 들어갈 확률 $P\left(\frac{7}{2} - \varepsilon < \bar{x} < \frac{7}{2} + \varepsilon\right)$($\varepsilon$은 매우 작은 양수)는 1에 가까워진다.

주사위의 값은 각각 독립이라고 생각된다. 일반적으로 $x_1, \cdots, x_n$이 서로 독립적으로 같은 분포에 따라 확률적으로 변동하고 그 기댓값을 m이라고 했을 때, n이 커지면 $x_1, \cdots, x_n$의 평균 $\bar{x}=\frac{x_1+\cdots+x_n}{n}$이 m에 가깝게 들어갈 확률 $P(m-\varepsilon<\bar{x}<m+\varepsilon)$은 1에 가까워진다.

즉 같은 분포를 따르는 독립인 n개의 값(확률변수) $x_1, \cdots, x_n$의 평균값 $\bar{x}$는, n이 커지면 그 기댓값 m에 가깝게 들어갈 확률은 1에 가까워진다. (큰수의 법칙)

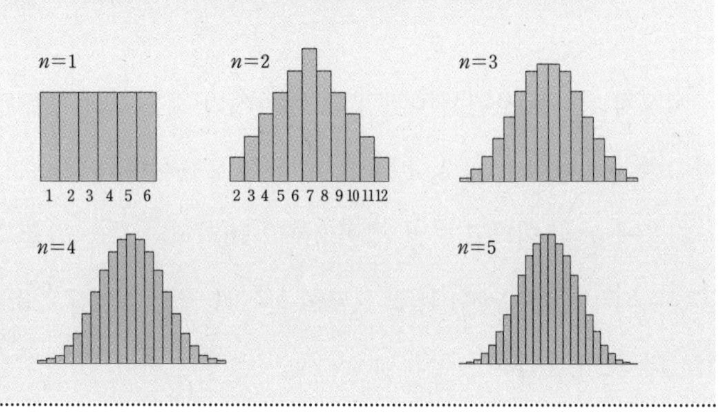

중심극한정리

주사위를 던지는 횟수 n이 커질 때의 결과 분포 또는 합의 분포에 관해 더 자세히 기술한 것이 중심극한정리이다.

주사위를 2번 던졌을 때, x_1, x_2의 합의 분포를 생각해보자. x_1, x_2는 1부터 6까지의 값을 취하고, 또 (x_1, x_2)가 특정 값의 조합과 같아지는 확률은 $\frac{1}{36}$이 되므로,

$$P(x_1+x_2=2)=P(x_1=1,\ x_2=1)=\frac{1}{36}$$

$$P(x_1+x_2=3)=P(x_1=1,\ x_2=2)+P(x_1=2,\ x_2=1)=\frac{2}{36}$$

$$P(x_1+x_2=4)=P(x_1=1,\ x_2=3)+P(x_1=2,\ x_2=2)+P(x_1=3,\ x_2=1)=\frac{3}{36}$$

이렇게 생각해 보면, 합이 2부터 12까지의 값을 취할 확률은 각각 (분모 36은 생략) 1, 2, 3, 4, 5, 6, 5, 4, 3, 2, 1이다.

다음에 $n=3$이라고 하면, 합이 3부터 18까지의 값을 취할 확률은 각각 (분모 216은 생략) 1, 3, 6, 10, 15, 21, 25, 27, 27, 25, 21, 15, 10, 6, 3, 1이다.

계산을 계속해서 확률분포를 그래프로 나타내면 앞에 나온 그림과 같은 모양이 되고, 점차 종 모양에 가까워진다는 것을 알 수 있다. 이를 엄밀하게 말하면 아래와 같다.

중심극한정리

확률분포의 퍼짐(또는 편차)의 척도로서 '분산'이 가장 널리 사용된다. x의 분산이란, 그 기댓값을 m이라고 했을 때, x와 기댓값 m의 차의 제곱의 기댓값,

$$\sigma^2=E[(x-m)^2]$$

으로 정의된다. 분산의 제곱근을 표준편차라고 한다. 주사위 값의 분산은,

$$\sigma^2=\left(\frac{1}{6}\right)\left[\left(1-\frac{7}{2}\right)^2+\left(2-\frac{7}{2}\right)^2+\left(3-\frac{7}{2}\right)^2+\left(4-\frac{7}{2}\right)^2+\left(5-\frac{7}{2}\right)^2+\left(6-\frac{7}{2}\right)^2\right]=\frac{35}{12}$$

이다. 그리고 n번 시행한 결과의 합 S_n의 분산은 각각의 분산의 합, 즉 1회 시행한 분산의 n배가 된다. 즉,

$$E[(S_n-nm)^2]=E[(x_1-m)^2]+\cdots+E[(x_n-m)^2]$$
$$=nE[(x_1-m)^2]=n\sigma^2$$

이므로, 주사위를 n회 던졌을 때 값의 합의 분산은 $\frac{35n}{12}$, 표준편차는 $\sqrt{\frac{35n}{12}}$이 된다. 그런데 S_n대신에 변수 $Z=\sqrt{\frac{12}{35n}}(S_n-nm)$을 보면, Z 분포의 기댓값은 0, 분산은 1이 되고, n이 커지면 Z의 분포는 일정한 형태에 가까워지는 것을 알 수 있다. 극한의 모양은,

$$\phi(x)=\frac{1}{\sqrt{2\pi}}e^{-\frac{x^2}{2}}\ (e=2.71828\cdots)$$

이라는 함수로 나타나고,

$$P(a<Z<b)=\int_a^b\phi(x)dx$$

가 된다. 이 식은 Z가 a에서 b의 범위에 들어갈 확률이 $y=\phi(x)$의 그래프와 x축에 둘러싸여, $a<x<b$의 범위에 들어가는 부분의 면적(그림)과 같음을 나타낸다. 위의 $\phi(x)$로 나타낸 분포를 표준정규분포라고 부른다.

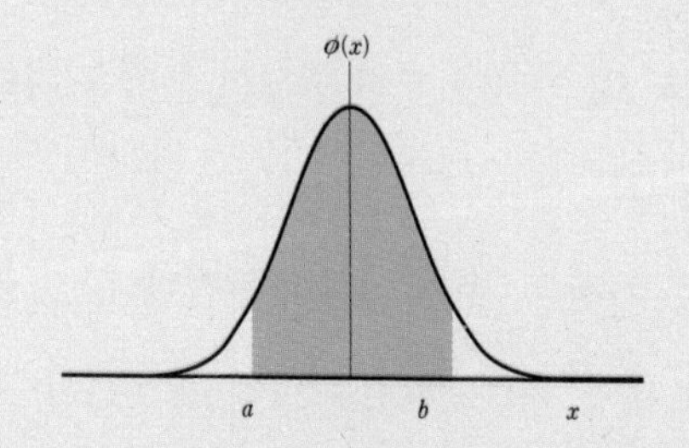

일반적으로는 $\phi(x)=\frac{1}{\sqrt{2\pi}\sigma}e^{-\frac{(x-m)^2}{2\sigma^2}}$과 같이 나타내는 것이 정규분포이다.

그런데 일반적으로, x_1, $\cdots$, x_n이 독립으로 기댓값 m, 분산 σ^2의 분포를 따를 때, $S_n=x_1+\cdots+x_n$, $\bar{x}_n=\frac{S_n}{n}$이라고 하면, n이 커지면,

$\frac{S_n-mn}{\sqrt{n}\sigma}=\frac{\sqrt{n}(\bar{x}_n-m)}{\sigma}$의 분포는 표준정규분포에 가까워진다. (중심극한정리)

이항분포

어떤 사건 A가 발생할 확률이 p이고, 각 회의 시행이 서로 독립인 실험을 n회 되풀이할 때, A가 발생한 횟수를 X라고 하면 X가 x일 확률은

$$P(X=x)=\frac{n!}{x!(n-x)!}p^x(1-p)^{n-x},\ k!=1\times2\times\cdots\times k(k=1,\ \cdots,\ n),\ 0!=1.$$

이 된다. 이것을 이항분포라고 한다. 이항분포의 기댓값, 분산은 각각 $E(X)=np$, $V(X)=np(1-p)$가 되고, p가 일정하고 n이 커지면,

$Z=\dfrac{X-np}{\sqrt{np(1-p)}}$ 의 분포가 평균 0, 분산 1의 정규분포에 가까워진다.

큰수의 법칙은 덧셈적 우연

큰수의 법칙과 중심극한정리는 확률론에서 가장 중요한 정리이다.

그런데 이 두 가지 정리는 직감적으로, “많은 우연 현상이 누적되면 우연적인 영향은 서로 상쇄되고 일정한 경향이 나타난다.” 또는 “그래도 남는 우연적인 변동 부분은 종 모양의 분포가 된다.”라는 의미로 해석되고, 이것이 우연 현상의 본질을 나타낸다고 생각하는 일이 많다.

여기서 중요한 가정은 “우연 현상이 누적된다.”고 할 때 “그 결과는 합(대수합*)이 된다.”라는 것이다. 그러나 우연이 누적되는 모든 경우가 덧셈적이라고 할 수 없다는 점에 주의해야 한다.

다수의 우연 현상의 결합은 다른 형태가 될 수도 있다. 지금부터 그것을 설명하겠다.

---

* 덧셈과 뺄셈 부호로 연결된 수식의 합.

도박에서 우연이 누적되면

가장 간단한 도박을 생각해보자. 동전을 던져서 앞이 나오면 건 돈의 2배를 받고, 뒤가 나오면 돈을 잃는다고 하자. 이 동전은 '바른' 동전이고, 앞이 나올 확률과 뒤가 나올 확률은 모두 $\frac{1}{2}$, 또 몇 번을 던져도 그 결과는 서로 독립이라고 하자.

이때 매번 일정한 금액 a를 걸고 도박을 반복하면, 그 결과로 따는 금액 또는 잃는 금액에 대해서는 큰수의 법칙과 중심극한정리가 적용된다.

예를 들어 이런 도박을 10회 반복하면 그 결과는 $10a$부터 $-10a$까지 분포하고, 이 경우 $4a$에서 $-4a$사이에 들어갈 확률은 거의 90%가 된다. 1회당 평균은 $0.4a$에서 $-0.4a$의 범위에 들어갈 가능성이 크다. 또 이때의 분포 형태는 종 모양을 하고 있다.

여기서 문제를 조금 바꿔보자. 위와 같은 도박을 계속할 때 최초의 보유금액이 ka인데, 계속해서 k회 지거나 지는 횟수가 이긴 횟수보다 k회 많아지면, 보유금은 없어져 버리고 도박을 계속할 수 없게 된다. 실제로 제한 없이 도박을 계속하면 언젠가 보유금액이 0이 되는 확률은 1이라는 것이 증명되었다. 이것이 '도박을 계속하는 사람은 반드시 파산한다(gambler's ruin)'는 현상이다.

도박꾼은 반드시 파산한다

파산을 피하고자 매번 거는 금액을 그때의 보유금액에 따라 바꾼다고 하자. 보유금액이 A이고 $\frac{A}{2}$를 걸 때, 도박에 이기면 $\frac{A}{2}$를 따고 보유금액은 $\frac{3A}{2}$로 늘어난다. 지면 $\frac{A}{2}$를 잃게 되므로, 보유금액은 $\frac{A}{2}$로 줄어든다. 즉 보유금은 이기면 $\frac{3}{2}$배, 지면 $\frac{1}{2}$배가 된다. 이길 확률이 $\frac{1}{2}$이라면, 기댓값은 $(\frac{3A}{2})\times(\frac{1}{2})+(\frac{A}{2})\times(\frac{1}{2})=A$, 보유금액은 변하지 않는다는 점에 주의하자.

도박을 반복해서 w회 이기고 l회 지면, 보유금액은 $(\frac{3}{2})^w(\frac{1}{2})^l$배가 된다. 여기서 $w=l$, 즉 승패의 수가 같은 경우에도 보유금액은 $(\frac{3}{2})^l(\frac{1}{2})^l=(\frac{3}{4})^l$배가 된다. 이 값은 1보다 작고, 게다가 l이 커지면 0에 가까워지는 것에 주목하자.

이처럼 도박을 n회 반복하면, n이 커질수록 앞에서 설명한 큰 수의 법칙에 따라 승패 횟수는 거의 같아지므로, 보유금액은 거의 0이 되는 것이다. n회 도박을 해도 기댓값은 변하지 않으니까, 반드시 보유금액이 줄어든다는 것은 모순이라고 생각할지도 모르겠다.

그러나 이는 다음과 같은 사실을 의미한다. 보유금액은 분명히 1에 가까운 확률로 매우 줄어든다. 그런데 만약 n회 연속 이기면, 보유금액은 $(\frac{3}{2})^n$배가 되고, 이 값은 n이 커지면 대단히 커진다. 이렇게 될 확률은 낮지만 보유금액이 매우 많아지고, 그 곱으로 기댓값이 일정하게 되는 것이다.

$n=10$인 경우를 보자. 만약 10회 연속 이기면 보유금액은 $(\frac{3}{2})^{10}$=약 58배가 되고, 10회 연속 지면 $(\frac{1}{2})^{10}=0.00097\cdots$배로 줄어든다. 예를 들어 6회 이기고 4회 졌다고 해도, 보유금액은 $(\frac{3}{2})^{6}(\frac{1}{2})^{4}=0.71\cdots$배밖에 안 된다. 보유금액이 줄어들 확률은 약 83%로 1에 상당히 가까워진다.

이 경우 도박을 계속하면 보유금액은 거의 확실히 0에 가까워지지만, 한편으로는 매우 낮은 확률로 대단히 늘어날 수도 있다. 많은 사람이 도박을 계속하면 대다수 사람은 거의 파산하지만 극히 일부가 거액을 벌게 되는 것이 이러한 논리로 증명된다.

이같은 일은 많은 우연 변동의 누적이 곱셈의 형태로 일어나는 경우에 발생한다. 우연 변동이 누적될 때, 덧셈법으로 합성되는 경우와 곱셈법으로 합성되는 경우는 지극히 다른 현상으로 나타난다.

곱셈적 우연의 여러 가지 결과

우연 변동의 누적에는 더 복잡한 경우도 있다. 하나의 우연 변동의 결과로 다음 우연 변동이 일어나는 출발점이 달라져 발생 방식이 변해 버리는 것이다. 즉 잇따른 변동이 서로 독립이 아닌 경우이다.

간단한 예를 생각해보자. 하나의 항아리에 흰 공과 검은 공이 m개씩 들어 있고, 무작위로 한 개를 꺼냈을 때 흰색인지 검은색인지 확인하는 실험을 한다. 매회 꺼낸 공을 도로 넣고 같은 실험을 반복하면 흰 공, 검은 공이 나올 확률은 $\frac{1}{2}$이므로, 여러 차례 실험을 반복하면 큰수의 법칙에 따라 흰 공과 검은 공이 나오는 비율은 1대 1에 가까울 것이다. 그런데 규칙을 바꿔서 흰 공이 나오면 항아리에 흰 공을 하나 더하고 검은 공은 하나 빼고, 검은 공이 나오면 검은 공을 하나 더하고 흰 공은 하나 빼면 어떻게 될까? 흰 공이 나오면 흰 공의 수가 늘어나므로 점점 더 흰 공이 나오기 쉬워진다. 항아리에 흰 공이 한번 많아지면 흰 공이 나올 확률이 높아지고, 반대로 검은 공이 많아지면 검은 공이 더 많아지기 쉬우므로, 머지않아 항아리 안은 전부 흰 공이나 검은 공 어느 한쪽이 되지 않을까. 이렇게 되면 흰 공 또는 검은 공만 계속해서 나올 거로 예측할 수 있다.

바꿔 말해 이러한 시행을 반복하면 항아리 안이 흰 공이나 검은 공 한쪽으로 쏠릴 확률은 1에 가까워진다. 그리고 전부 흰 공이 될 확률, 전부 검은 공이 될 확률은 각각 $\frac{1}{2}$에 가까워지리라 추측된다.

이 사실은 실제 수학적으로 증명할 수 있다. 자세한 계산은 생략하겠지만, 확률분포의 변화를 구하면 양 극단의 확률이 각각 $\frac{1}{2}$에 가까워지는 것을 알 수 있다. 즉 이 경우 n이 커지면 분포는 양 극단에 집중하지만, 어느 쪽으로 되는지는 $\frac{1}{2}$씩의 확률로 우연히 결정되는 것이다.

한 가지 더 생각해보자. 이번에는 항아리에서 한 개의 공을 꺼낼 때마다 같은 색 공을 하나 더한다고 하자. 즉 한 번 확인할 때마다 항아리 안 공의 개수는 한 개씩 늘어난다. 이때 항아리 안에 있는 검은 공과 흰 공의 비율은 어떻게 될까.

이 경우 만약 처음에 항아리 안에 흰색, 검은색 공이 각각 한 개씩 있다면, 공을 꺼내는 일을 n회 반복한 뒤에는 $n+2$개가 된다. 이때 그중에서 흰 공의 수가 k일 확률은 $k=1,\cdots,n+1$에 대해 모두 같다는 것을 알 수 있다. 따라서 n이 커지면 흰 공의 비율은 0과 1 사이에 균일하게 분포하게 된다. 즉 이 경우에는 n이 커져도 그 값은 일정한 값에 가까워지는 것이 아니라 일정한 분포에 가까워지는 것이다.

우연 현상이 누적될 경우 그것이 덧셈적이라면 큰수의 법칙 및 중심극한정리가 성립해 결과가 일정한 값에 가까워지거나 종 모양의 분포에 가까워진다. 그러나 곱셈적으로 누적되거나 또 다른 누적방식이면 여러 가지 일이 일어날 수도 있다.

앞의 예는 모두 기댓값이 항상 0 또는 1이었다는 점에 주의하자. 즉 확률적으로는 치우침이 없는 것으로 상정되어 있음에도 불구하고, 결과는 어느 한쪽으로 점점 치우치는 일이 일어날 수 있다. 다만 어느 쪽으로 치우치는가는 $\frac{1}{2}$씩의 확률로 우연히 정해진다.

03
무작위 현상-혼돈과 질서

규칙성 없이 아무렇게나 된다는 것은

객관확률론에서는 확률이란 일정한 조건에서 어떤 사건이 일어나는 비율, 즉 빈도라고 생각했다. 그러나 그것만으로는 우연 현상을 기술하는 확률의 정의로서 충분하지 않다.

예를 들어 책 쪽번호의 마지막 자리는 1에서 9 그리고 0이 반복해서 나타나므로, 적당히 두꺼운 책이라면 전체에서 쪽번호 마지막 자리가 0부터 9까지 중 하나일 '비율'은 모두 $\frac{1}{10}$에 가깝다. 그러나 0에서 9 가운데 하나와 같을 '확률'이 $\frac{1}{10}$이라고 말할 수는 없다. 마지막 자리는 순서대로,

1, 2, 3, 4, 5, 6, 7, 8, 9, 0, 1, 2, 3……

으로, 규칙적으로 늘어서 있으므로, 어떤 쪽번호의 마지막 자리가 2라면 다음 쪽번호는 3으로 정해져 있으니, 우연이라고 할 수 없기

때문이다.

이와 반대로 주사위를 던져서 나오는 숫자는 예를 들어,

3, 4, 1, 6, 5, 3, 3, 2, 5, 1, 1, 4……

로 나오는 형태가 규칙성이 없고 아무렇게나 나온다.

그렇다면 규칙성 없이 아무렇게나 된다는 것은 무엇을 의미할까? 몇 가지를 생각해 볼 수 있다.

(1) 주사위 숫자의 결과를 나열하고 일정한 간격, 예를 들어 3번째, 6번째, 9번째 항을 고른다. 이를 계속하면 1에서 6이 나오는 비율은 $\frac{1}{6}$에 가깝다.

(2) 1이 나오면 그다음 항을 고른다. 이렇게 계속하면 1에서 6이 나오는 비율은 역시 $\frac{1}{6}$에 가까워진다.

(3) 그 밖의 여러 가지 규칙을 적용해도 선택된 수열 중 1에서 6의 비율은 $\frac{1}{6}$에 가까워진다.

리하르트 폰 미제스(1883-1953)는 이러한 사고방식을 일반화하여, 주사위 숫자 같은 우연 현상을 정식화했다.

미제스는 일정한 조건에서 반복된 실험결과의 무한수열을 생각해냈다. 단순화하기 위해 결과는 어떤 사건이 일어나느냐, 일어나지 않느냐 둘 중 한쪽이라고 하고, 만약 그 사건이 일어나면 1, 일어나지 않으면 0으로 나타내기로 한다. 예를 들면, 아래와 같은 1, 0의 무한수열이 생긴다.

1, 0, 1, 1, 0, 1, 0, 0, 0, 1, 1, 0, 1, 0, 1, 1……

이 수열이 아래 상자에 적힌 두 가지 조건을 만족하면 '콜렉티브(collective)'라고 했다(이것을 집단이라고 번역해도 좋지만, 특수한 개념이므로 영어 발음으로 표기한다).

미제스의 콜렉티브 조건

(1) n번의 실험에서 1이 나오는 횟수를 m이라고 하면, m과 n의 비는 n이 커질수록 일정한 값에 가까워진다, 즉 $\lim_{n \to \infty} \frac{m}{n} = p$.

(2) 원래의 수열에서 어떤 규칙으로 무한의 부분수열을 고른다. 단, 거기에서 n번째 항이 선택될지 아닐지는 항의 번호 n과 그 앞의 결과, 즉 1번부터 $n-1$번째까지 항에 따라 결정되고, n번째 항에는 의존하지 않는다. 이때 선택된 최초의 v항 중에서 1이 나오는 횟수를 μ라고 하면, μ와 v의 비는 v가 커질 때 p에 가까워진다. 즉 $\lim_{v \to \infty} \frac{\mu}{v} = p$.

미제스는 결과가 콜렉티브가 되는 실험을 '확률사건'이라고 부르고, 그 사건이 일어날 확률을 p라고 정의했다.

이러한 정의로부터, 연속하는 k개 항이 10110…1(1이 l개, 0이 $k-l$개)이 되는 확률은 $p^l(1-p)^{k-l}$으로 나타낼 수 있고, 또 연속하는 k개 항 중에 1이 l개, 0이 $k-l$개 나타날 확률은 ${}_kC_l p^l(1-p)^{k-l}$이라는 것도 증명할 수 있다.

결과가 0, 1 중 어느 하나이고, 각 항이 서로 독립적이며, 1이 될 확률이 p인 분포를 '베르누이 분포'라고 한다.

미제스의 콜렉티브는 1이 될 확률이 p인 베르누이 분포를 구체적으로 표현한 것이라고 할 수 있다.

검증된 무작위 현상

미제스의 콜렉티브 조건을 충족하는 분포를 무작위 분포 또는 무작위 현상이라고 한다.

무작위 현상에서 큰수의 법칙은 확률론으로 증명된 것이 아니라 처음부터 확률론을 적용하기 위한 전제로 상정된 것이라는 점에 주의하자. 확률론의 큰수의 법칙은 전제를 수학적으로 표현한 것에 지나지 않는다.

현실에 무작위 현상이 존재하느냐 아니냐는 검증해 봐야 한다. 물론 무한 번의 실험은 실제로 불가능하므로, 충분히 많은 횟수의 실험 결과가 거의 무작위 분포라고 확인된다면 무작위라고 볼 수 있을 것이다. 또한 어떤 종류의 실험 결과가 무작위 분포가 되는 것이 경험적으로 알려졌다면, 같은 조건으로 행해지는 다른 실험의 결과도 무작위라고 간주해도 될 것이다.

객관확률이 상정하는 무작위 분포를 나타내는 현상이 현실에 존재할까? 실제로 발견되어 경험적으로 검증된 것은 다음과 같다.

(1) 측정 오차. 물체를 측정할 때, 측정값과 참값 사이에는 어떻게 해도 오차가 생긴다. 주의 깊게 측정하면 오차는 무작위가 된다고 여긴다. 그리고 오차의 분포는 정규분포가 된다. 측정을 N회 반복해서 평균값(산술평균)을 취하면 오차는 $\frac{1}{\sqrt{N}}$로 도출된다. 오차의 분포가 정규분포라는 가정에서 가우스는 최소제곱법을 유도했다.

(2) 주사위, 카드놀이, 룰렛 등 도박 도구가 내는 결과. 예로부터 도박에서는, 결과가 무작위가 아니고 어느 정도 예측할 수 있는 메커니즘은 '속임수'라고 엄격히 비난받았다. 그래서 '공정한 도박'을 위해 무작위 분포를 낼 수 있는 것이 선택되거나 만들어졌다.

(3) 사고와 같은 우연 사건. 큰 집단 안에서 비교적 드물게 발생하는 사건이 일정 기간에 발생하는 횟수를 간단한 확률모형으로 가정하면 포아송분포(오른쪽 상자 글)가 되는데, 현실에서 그러한 분포가 발생하는 것을 확인한 사람은 독일의 통계학자 보르트키에비치이다. 그는 프로이센 군대에서 1개 부대당 1년간 말에 차여 죽은 병사의 수를 조사하여, 그 분포가 포아송분포가 되는 것을 나타내고, 이것을 '소수(少數)의 법칙'이라고 이름 지었다. 그 후 일정 기간에 일정 지역 안에서 발생하는 사고의 건수 등의 분포가 포아송분포에 상당히 근사될 수 있음이 많은 사례를 통해 확인되고 있다.

포아송분포와 지수분포

이항분포(74쪽)에서 $np=\lambda$로 일정하고, n이 커지고 p가 작아지는 경우에 그 분포는,

$$P(x)=\frac{\lambda^x e^{-\lambda}}{x!},\ x=0,\ 1,\ 2,\ \cdots$$

에 가까워진다. 이것을 포아송분포라고 한다.

연속적으로 변화하는 양의 변수 T가 a보다 클 확률이

$$P(T>a)=e^{-a}$$

이 될 경우, 이 분포를 지수분포라고 한다.

(4) 유전법칙. 멘델은 부모로부터 자식에게 유전자가 전해지는 경우 그 조합이 확률적이라고 했다. 예를 들어 부모가 가진 유전자가 모두 Aa로 나타날 경우, 전해진 유전자가

$$AA \quad Aa \quad aa$$

가 되는 비율이 1대 2대 1이 되는 것을 유명한 완두콩 실험으로 확인했다.

(5) 일정 시간 안에서 무작위로 일어나는 사건. 간단한 확률 논의에 따라 어떤 시점부터 다음 사건이 일어날 때까지의 시간을 T라고 하면, T가 지수분포를 따르는 것으로 도출되는데, 실제로 많은 사건에서 이러한 사실이 관측된다. 특히 방사성 원소에서, 한 개의 원자가 방사선을 방출하고 붕괴할 때까지의 시간은 확률적으로 변동한다는 것이 알려졌다. 이러한 현상을 포아송과정이라고 부른다.

완전한 무작위는 완전한 균일성

무작위 현상은 완전히 무규칙한 현상으로 정의되지만 무한 반복되면 어떤 의미에서는 가장 완전하게 균일한 상태를 만들어 낸다.

하나의 정사각형 안에 아무렇게나 점을 찍어나간다고 하자. 점의 수가 적을 경우에는 그다지 균일하지 않은 분포를 하고 있지만, 점의 수 N이 커질수록 점점 균일하게 되고, 매우 커지면 완전히 균일하게 된다. 즉 정사각형(면적은 1로 한다.) 안에 면적이 S인 도형을 그리고 도형 내부에 있는 점의 수를 n이라고 하면, $\frac{n}{N}$은 거의 S와 같아진다.

점을 규칙적으로 찍는다면, 반듯한 도형일 때는 그 안에 있는 점의 수는 NS에 가깝게 되겠지만, 몹시 일그러진 모양일 때는 반드시 NS에 가까워진다고 할 수 없다. 반면에 무작위로 점을 찍으면 일그러지든지 들쑥날쑥하든지 어떠한 모양이라도 점의 수는 NS에 가까워진다.

무작위로 점을 찍으면 면적이 S인 도형 안에 한 개의 점이 들어갈 확률은 S가 되므로, N개를 찍는다면 그 도형 안에 들어 있는 점의 수 n의 기댓값은 $E(n)=NS$이다. 또 n의 편차는, n이 이항분포가 되므로 분산은 $V(n)=NS(1-S)$가 된다. 그리고

$$P[|n-NS|<1.96\sqrt{NS(1-S)}]\approx 0.95$$

가 되므로, N이 어느 정도 크면 n은 거의 확실히 $NS\pm$

$1.96\sqrt{NS(1-S)}$의 범위에 들어간다고 할 수 있다. 이를 이용하여 S를 추정할 수 있다.

이러한 사고방식으로 실제 지도 안에 표시된 논의 면적 등을 추정할 수 있다. 즉 일정한 지도 안에 크기와 형태가 제각각인 논이 여러 개 있을 때, 총면적을 산출하기 위해 하나하나의 논의 크기를 재서 합계를 내는 것은 무척 까다롭고 성가신 일이다. 간단한 방법은 이 그림 안에 다수의 점을 아무렇게나 찍고, 그중에 논 위에 찍힌 점을 세어서 추정하는 것이다. N개의 점 중에 n개가 논 위에 찍혔다면, 논의 총면적은 지도에 나타난 토지 범위의 $\frac{n}{N}$에 해당한다고 추정할 수 있다. 물론 이러한 방법은 오차를 포함하지만, N을 적절히 크게 하면 정밀도가 적절한 추정치를 얻을 수 있다.

이 같은 사고방식을 일반화한 것으로 몬테카를로법이 널리 이용되고 있다. 몬테카를로법은 복잡한 모양으로 나타낸 수식의 값을 계산하기 위해 컴퓨터로 발생시킨 난수(무작위 수열)를 이용하는 방법이다.

완전한 무질서 엔트로피

완전한 무작위성이 완전한 균일성을 가져온다는 점을 이용한 것이 통계역학이다.

대기 중에는 대단히 많은 질소, 산소 및 그 밖의 분자가 존재한다. 분자는 각각 다른 속도와 방향으로 운동한다. 개개의 분자는 각각 다른 역학의 운동방정식에 따라 운동하는 것이다. 따라서 모든 분자의 위치와 운동량을 구하면 기체의 상태를 완전히 기술할 수 있지만, 엄청나게 많은 분자 각각을 계측하는 것은 불가능하다.

그런데 분자는 각기 다른 속도로 따로따로 운동하고 있지만, 다수의 분자를 모으면 운동 방향은 어느 쪽에 편중되는 일 없이 전체적으로 거의 고르게 될 것이다. 또 그 속도도 일정한 분포를 하고 있을 것이다.

그래서 각각의 분자 운동은 확률적으로 정할 수 있고, 방향의 분포가 균일하며 속도는 정규분포라고 상정한다(속도가 정규분포가 되는 것은 방향의 균일성과 직행방향의 속도성분이 서로 독립적이라는 가정에서 도출할 수 있다). 그러면 이 분자의 집단인 기체의 압력, 온도 등의 상태는 큰수의 법칙에 따라 분자의 평균밀도나 평균운동량으로 나타낼 수 있다.

두 가지 다른 상태에 있는 기체 덩어리가 섞이면, 쌍방의 분자 운동 결과 전체는 고르게 된다. 어떤 계(系) 내부의 균일성의 정도는 '엔트로피'라는 개념으로 나타내는데, 두 개의 기체 덩어리가 따로따로 존재할 때의 엔트로피에 비해 섞인 상태의 엔트로피는 증대한다.

액체의 경우도, 온도가 다른 두 개의 액체를 접촉시키면, 뜨거운 부분의 온도는 떨어지고 차가운 부분의 온도는 올라가서 전체가 고르게 된다. 이것도 '엔트로피'가 증가한 것이라고 할 수 있다.

달리 보면 엔트로피는 무작위성의 척도이고, 엔트로피가 크다는 것은 계 내부의 구별이 없어지고, 질서가 파괴되어 무질서가 되었다는 것을 의미한다.

'엔트로피 증대 법칙'은 열역학에서 '에너지 보존 법칙'과 나란한 기본법칙이다. 뉴턴역학 법칙은 모든 시간에 대해 대칭적이지만, 이 법칙은 시간상 한쪽으로만 향하며 불가역적(不可逆的)이다. 분자의 운동이 가역적인 뉴턴 법칙을 따르는데 왜 거기에서 불가역적인 엔트로피 증대의 법칙이 도출되는지는 역설이지만, 각각의 분자 운동이 무작위라는 것에서 생긴다는 점에 주의하자.

최초에 다수의 분자(무엇이든 상관없다)가 규칙적으로 놓여 있다면, 분자들이 뿔뿔이 움직이면서 규칙성이 차츰 무너져 머지않아 균일한 무작위 상태가 된다는 것이다.

우연히 만들어진 새로운 질서

'엔트로피 증대 법칙'을 '정보량 증대 법칙'으로 대치할 수 있다. 정보란 질서를 만들어 내거나 유지하는 것 또는 구조를 말한다. 정보는 얼마든지 복제할 수 있고, 유지하려면 어떤 매체가 필요한데 매체의 물리적 성질이나 크기에 본질적인 제한은 없다. 따라서 일단 발생한 정보는 그것을 싣고 있는 매체가 전부 소멸하지 않는 한 소멸하지 않는다. 또한 끊임없이 새로운 정보가 발생하거나 복제되는 것에는 물리적 한계가 사실상 존재하지 않으므로 정보의 양은 늘 증대하는 경향이 있다.

일찍이 정보란 인간(또는 동물)이 그것을 의식적으로 인식하는 경우에만 존재한다고 생각됐지만, DNA의 발견으로 정보시스템이 자연 안에서 인간과 관계없이 또는 인간의 존재보다 앞서 존재함이 분명해진 것이다. 그리고 '정보'는 '엔트로피'와 딱 정반대 개념으로, '엔트로피 증대 법칙'이 질서의 파괴, 무질서의 증대를 의미한다면, '정보량 증대 법칙'은 질서의 형성, 유지, 확대를 의미한다.

우주의 여러 가지 국면에서 '엔트로피 증대 법칙'과 '정보량 증대 법칙'이 함께 작용한다고 생각한다. 즉 우주에는 필연성의 테두리에 들어가지 않는 우연성이라는 것이 존재하고, 우연성에는 큰수의 법칙을 성립시키려는 극한의 완전한 균일성을 가져오는 성질의 우연성과, 누적됨에 따라 정보로 작용해 일정한 환경에서 새로운 질서를 만들어내는 우연성 두 종류가 있다. 전자는 엔트로피의 증대를 가져오지만, 후자는 정보량의 증대를 초래한다. 우연히 만들어진 새로운 질서가 정보시스템에서 인식됨으로써 안정적으로 유지되는 것이다.

이제까지 우연성은 한결같이 전자의 이미지로 이해됐다고 생각한다. 그것이 '엔트로피 증대 법칙'이 전부라는 사고방식을 이끌어 낸 원인이었다. 그러나 4장에서 설명하겠지만, 유전과 진화의 메커니즘에 관한 깊은 이해는 후자의 우연성이 중요하다는 것을 분명히 했다. 이와 같은 우연성은 생물의 진화 과정에만 연관된 것이 아니고, 우주의 발생과 진화의 과정부터 인간사회의 역사, 또는 개인의 인생에 이르기까지 불가역적인 시간이 흐르는 모든 국면에 나타난다.

04
도박으로 판단하는 주관확률

배당률과 확률

확률이란 "어떤 사건의 확실성에 대한 판단을 의미한다."라는 것이 주관확률이다. 그런데 주관확률에서 "어떤 사건의 확률이 특정한 값, 예를 들어 20%이다."라는 말은 무엇을 의미할까?

확률을 도박에 연결해서 생각함으로써 주관확률을 수치로 나타낼 수 있게 되었다. 애초에 확률론은 도박에 대한 합리적인 판단을 제공하는 논리로서 만들어진 것이지만, 이번에는 합리적인 도박행동으로부터 확률을 정의하려는 것이다.

주사위의 예를 생각해 보자. 지금 이 주사위가 바르게 만들어졌고 모든 숫자가 같은 정도로 나오는 것이 확실하다고 하자. 그러면 1부터 6까지의 숫자가 나올 확률은 각각 $\frac{1}{6}$이 되는데, 이때 나오는 숫자를 맞추는 도박이다.

배당률을 a라고 하자. 즉 1단위의 판돈에 대해 맞으면 a배의 돈을 따고 틀리면 잃는 것이다. 주사위를 던졌을 때 모든 숫자가 같은 정도로 나오는 것이 확실하다면, 배당률은 모든 숫자에 대해 같을 것이다. 이때 a는 6이 되는 것이 타당하다. 왜냐하면 a가 6보다 크면, 모든 눈에 보유금액의 $\frac{1}{6}$씩 걸 경우 반드시 돈을 따게 된다. 또 a가 6보다 작으면, 여러 사람이 모든 눈에 거의 균일하게 돈을 걸었을 경우 노름판 주인이 반드시 돈을 따게 되기 때문이다.

여기서 타당한 배당률 6은 앞에서 말한 확률 $\frac{1}{6}$의 역수라는 점에 주의하자.

바꿔 말하면,

확률은 배당률의 역수에 일치한다.

라는 말이 된다. 이것을 일반화하여,

어떤 사건 A의 확률은 그 사건이 일어나는 것에 대해 타당한 배당률의 역수이다.

라는 말이 된다. 그리고 이로부터,

어떤 사람이 사건 A가 일어나는 것에 대해 가지는 주관확률은 A에 관해 그 사람이 타당하다고 생각하는 배당률의 역수이다.

라고 주관확률을 정의한다.

어떤 사람이 어느 정도의 배당률을 타당하다고 생각하는지는 그 사람이 도박에서 어떻게 행동하는지 보면 된다. 즉 그 사람이 A가 일어나는 것에 대한 도박에서 배당률이 a 이상이면 돈을 걸고, a 이하이면 걸지 않는다고 하면, 사건 A가 일어나는 것에 대한 (그 사람의) 주관확률은 $\frac{1}{a}$이다.

주관확률의 합리성

다음으로 여러 가지 사건의 주관확률이 각각의 배당률에서 정해졌을 때, 확률의 공리를 충족하는지가 문제가 된다. 예를 들어 어떤 사람이 주사위에서 1, 3, 5가 나올 때 각각 배당률이 5배 이상이면 돈을 건다고 하자. 그런데 이 사람이 홀수가 나올 때는 배당률이 2배 이상이면 돈을 건다고 하면 여기서 구할 수 있는 주관확률은,

$$P(1)=P(3)=P(5)=\frac{1}{5}$$

이지만,

$$P(1 \text{ 또는 } 3 \text{ 또는 } 5)=\frac{1}{2}<P(1)+P(3)+P(5)$$

가 되어 모순이 발생한다. 그래서 이러한 모순이 생기지 않도록 배당률 사이에 일정한 관계가 성립해야 한다.

이를 위해 도박에서 배당률의 관계를 충족해야 하는 조건을 일련의 공리로 전제하고, 주관확률을 도박행동에서 계산하는 이론이 만들어졌다.

물론 불확실한 사건과 관련된 현실 사람들의 행동이 이러한 공리를 충족한다고 할 수는 없다. 다만 여기서는 합리적인 또는 모순

을 포함하지 않는 행동이 되기 위한 조건으로서 이러한 공리를 전제로 하는 것이다.

여기서,

주관확률 × 결과가 가져오는 이익 = 기대이익

으로서 기대이익이 양(+)이라면 돈을 걸고, 음(-)이라면 걸지 않는 것은 사람의 행동에 대한 기준이 아니라 주관확률의 정의라는 점에 주의하자.

합리적 기준과 사람의 행동

그런데 객관확률이 명확히 정해져 있지 않을 때에는 이렇게 구한 주관확률만으로도 괜찮지만, 주관확률이 명확한 객관확률과 일치하지 않는 경우는 어떻게 하면 좋을까?

앞에서 말한 주사위의 경우 '바른 주사위'라는 것에 의심이 없다면, 1이 나올 확률이 $\frac{1}{6}$이라는 '객관확률'이 존재한다고 할 수 있다. 이때 도박 행동에서 계산된 주관확률이 반드시 $\frac{1}{6}$이 되는 것일까.

합리적인 주관확률의 조건으로서 객관확률과 일치하는 것을 요구할 수도 있지만, 다음과 같이 생각할 수도 있다.

어떤 금액에서 얻어지는 만족, 즉 효용은 반드시 그 금액에 비례하지 않을 수도 있다. 예를 들어 10억 원을 획득하는 효용에 대해 20억 원을 획득하는 효용이 반드시 2배가 되지는 않는다. 추가 10억 원의 효용은 최초 10억 원의 효용보다 작을 것이다. 반대로 10억 원의 손실을 보게 되면, (보통 사람이라면) 파산을 할 테고 이때 잃은 효용은 10억 원을 획득하는 효용보다 클 것이다. 이렇게 되면 10억 원을 획득하는 확률과 10억 원을 잃는 확률이 모두 $\frac{1}{2}$인 도박을 하는 일은 없을 것이다.

그렇다면 도박에서 행동 기준이 되는 것은 이익이 아니라 효용이 된다. 그래서 도박의 결과가 k개 있고, 각각 가져오는 이익이 a_i (손실이면 음), $i=1, \cdots, k$ 각각 일어나는 확률을 p_i라고 하면 기준이 되는 것은 기대이익,

$$E(a)=a_1 \times p_1+\cdots+a_k \times p_k$$

가 아니라, 각각의 이익이 가져오는 효용 u_i에 따른 기대효용,

$$E(u)=u_1 \times p_1+\cdots+u_k \times p_k$$

가 된다. 즉 기대효용이 양이라면 돈을 걸고 음이라면 걸지 않는다.

그런데 효용은 주관적이기 때문에 밖에서 관측하여 정할 수 없다. 명확하게 주관확률이 정해지는 경우(예를 들어 주사위)에는 주관확률을 이용해 현장의 도박 행동에서 기대효용을 파악하고 특정 이익에 대한 그 사람의 효용을 계산하는 것이 가능하다.

이런 식으로 주관확률을 효용과 동시에 설명하는 이론이 성립되었다.

하지만 현실의 사람들이 이러한 논리가 가리키는 대로 행동한다고 할 수는 없다. 세상에서 이루어지는 많은 도박(경마, 경륜, 복권 등)에서는 노름판 주인이 큰 이익을 얻고 있으므로 획득 금액의 기댓값은 분명히 마이너스이다. 그래도 도박에 참가하는 사람이 많다는 것은 사람들의 기대효용은 플러스라는 것을 의미한다. 이는 사람들이,

> 자신이 이익을 얻을 확률은 객관확률보다 크다.

라고 생각하거나,

> 획득하는 금액이 가져오는 효용은 같은 금액을 잃어서 발생하는 효용의 손실보다 크다(이것은 화폐의 한계효용이 증대한다는 것을 의미한다).

라는 두 가지 주장 가운데 어느 하나가 성립한다는 것을 의미한다. 전자는 경마나 경륜 등에서 자신의 예상이 맞다(반드시 맞지 않더라도 맞을 확률이 높다)고 믿는다면 있을 수 있는 일이지만, 복권의 경우에는 무리일 것이다.

후자의 주장에서 화폐의 한계효용은 오히려 감소한다. 즉 획득하는 화폐 1단위가 가져오는 효용은 금액이 증대하면 감소한다고 생각하는 쪽이 자연스럽고, 또 도박 이외의 많은 경우에 사람들의 행동과 합치하므로 이 설명도 별로 설득력이 없다.

요컨대 현실의 도박에서 사람들의 행동은 이러한 이론으로 설명할 수 없는 부분이 남아 있다. 주관확률과 효용에 관한 이론은 사람

들이 불확실성에서 합리적으로(논리적으로 일관되어 있다는 의미로) 행동하는 기준을 제공하고 있지만, 현실 사람들의 행동에는 그 밖의 불합리한 요소가 포함되고 있다고 봐야 한다.

05
확률의 적용

확률에 관한 여러 가지 해석

확률의 해석에 관해 여러 가지 사고방식이 있다고 설명했지만, 서로 모순되는 것은 아니다. 그보다는 확률의 개념을 적용하는 범위의 차이라고 보는 것이 맞다. 주관확률과 객관확률에서 양쪽의 극단적인 사고방식, 즉 "확률이란 빈도 그 자체이고, 1회적인 사건에는 적용할 수 없다."라는 확률=빈도설과 반대로 "확률이란 개인이 느끼는 심리적인 확실성의 척도이다."라는 주관확률=심리설은 제외하자. 그러면 "확률이란 어떤 사건이 일어나는 것(또는 이미 일어났지만 아직 그 결과가 알려지지 않은 것)에 대한 확실성의 합리적인 척도이다."라는 정의에는 이의가 없을 것이다.

문제는 어디까지를 '합리적인 척도'로 보느냐에 달려 있다. 무작위 수열 중의 빈도에 한정된다고 하는 것이 객관확률론이고, 개인의 합리적인 주관적 판단이면 된다고 하는 것이 주관확률론이다. 또한 양쪽 논리의 중간에, 일정한 조건을 바탕으로 논리적으로 이끌어낸 판단이라는 논리적 확률론도 있다.

논리적 확률론

'주사위를 던져서 1이 나올 확률'이라는 예를 생각해 보자. 이 명제를 구체적인 경우에 적용하려면 더 정확하게 '이 주사위를 다음에 던졌을 때 1이 나올 확률'이라고 말해야 한다.

확률=빈도설에서는 이러한 명제 자체를 거부할 것이다. "확률은 빈도, 즉 여러 번 중의 비율이므로 특정한 1회에 그치는 사건에는 적용할 수 없다."라고 할 것이다. 이러면 애초에 '확률'이라는 단어를 사용하는 의미가 없어지므로 이러한 사고방식은 취하지 않는다.

객관확률론의 견해는 "이 주사위를 같은 조건에서 몇 번 던져 보았더니, 1이 나온 비율은 전체의 거의 $\frac{1}{6}$이었다. 따라서 다음에 던질 때 1이 나올 확률은 거의 $\frac{1}{6}$이다."라는 것이다.

그러나 잘 생각해보면 이 견해도 상당히 어색하다. 왜냐하면 그 주사위를 여러 번 던지는 실험을 한 뒤가 아니라면 '확률'을 논할 수 없기 때문이다.

그래서 좀 더 조건을 완화하면, "바르게 만들어진 주사위를 바르게 던지면 숫자가 무작위로 나오고, 이때 모든 숫자가 같은 비율로 나온다고 알려져 있다. 따라서 주사위가 바르게 만들졌다면 다음에 던질 때 1이 나올 확률은 $\frac{1}{6}$ 이다."라는 것이다.

한발 더 나아가 "이 주사위는 비뚤어진 데 없이 만들어졌다. 그리고 여섯 개 면은 대칭적이므로, 어떤 숫자가 나올지는 같은 정도로 확실하다. 따라서 1이 나올 확률은 $\frac{1}{6}$ 이다."라고 하면 논리적 확률의 견해가 된다. 여기에 "주사위라는 것은 모든 숫자가 거의 같은 비율로 나오도록 만들어졌다는 것을 알고 있으므로"라는 말을 덧붙이면, 앞에 기술한 빈도설과 거의 같은 말이 된다.

논리적 확률을 논한 케인스는 확률이 반드시 수치로 정해지지는 않는다고 주장했다. 그래도 여러 가지 명제 간에 확률의 대소관계는 성립한다고 보았다. 예를 들어 주사위의 모양이 비뚤어져 있으면 모든 숫자가 나올 확률은 같다고 할 수 없다. 1이 나오기 쉬운 모양이라면, 1이 나올 확률을 정확하게 정할 수는 없지만 $\frac{1}{6}$ 보다 크다고 말할 수는 있다.

또 케인스는 어떤 명제가 성립하는 확률은 일정한 증거에 비추어 정해진다고 주장했다. 완전히 대칭적으로 만들어진 것처럼 보이는 주사위는 1이 나올 확률이 $\frac{1}{6}$ 이라고 되어 있어도, 10번 던졌을 때 1이 다섯 번이나 나왔다면 1이 나올 확률은 $\frac{1}{6}$ 이라고 생각할 수 없을 것이다. 그 값을 정확하게 정하는 것은 불가능하지만 $\frac{1}{6}$ 보다 크고 $\frac{1}{2}$ 보다 작다고 생각하는 것이 타당할 것이다. 이러한 논리적 확률의 사고방식은 고전적인 확률론의 '동등한 확실성'에서 이른바 '선험적 확률' 개념의 의미를 찾으려는 것이다.

논리적 확률의 개념을 엄밀하게 체계화하려는 시도는 케인스 외에도 여럿 있지만, 어떤 이도 충분히 성공했다고는 말하기 어렵고 널리 받아들여지지도 않고 있다. 그러나 논리적 확률이라고 생각해도 좋은 경우가 존재하는 것도 사실이다(2장 끝 칼럼).

그런데 어떤 사람은 "이번에 내가 이 주사위를 던지면 1이 나올 거로 생각한다. 그 확률은 $\frac{1}{2}$이다." 또는 "이 주사위를 지금까지 10번 던졌는데 한 번도 1이 나오지 않았다. 그러므로 이제 1이 나올 것이고, 그 확률은 $\frac{1}{2}$이다."라고 할 수도 있지만, 그것은 심리적 확률이다. 심리적으로는 나름대로 이유가 있다고 해도 합리적이라고는 생각되지 않으므로, 확률의 의미를 찾는 논의에서는 제외한다.

우연을 표현하는 확률은

위와 같이 생각한다면 객관확률론과 주관확률론(또는 논리적 확률론도 포함) 사이에 근본적인 모순은 없다고 생각할 수 있다. 따라서 어떤 견해를 취할지는 구체적인 상황에 따라 정하면 된다고 생각한다. 문제는 '우연'을 표현하는 것으로서의 확률은 어떻게 볼 것인가 하는 것이다.

우연이란 '무지'에서 생긴 것이라는 사고방식에서 보면, 확률을 수량적으로 표현하는 것은 주관확률일 수밖에 없다. 그러나 '무지'라는 소극적인 조건에서 큰수의 법칙과 같은 적극적인 결과를 얻는 것은 무리가 아닐까. 주사위가 바르게 만들어졌고, 또 여러 번의 시행이 서로 독립이라고 생각되어도, 그 이유만으로 "여러 번 시행을 반복하면 1이 나올 확률은 $\frac{1}{6}$에 가깝다."라는 것을 보증할 수는 없을 것이다. 물론 이 경우 "1이 나오는 비율이 $\frac{1}{6}$에 가깝다는 주관확률은 1에 가까워진다."라고 말하면 논리적으로는 맞지만, 이 말이 실제로 주사위를 반복해서 던졌을 때 1이 나오는 비율이 $\frac{1}{6}$에 가까워지는 것을 보증하는 것은 아니다.

역시 '우연'을 수학적으로 표현한 모형으로서 확률개념은 객관적인 현상을 기술한 것이어야 한다. 이는 앞에서 설명한 무작위 변동을 표현한 것이다. '우연'으로 보이는 현상이 실제로 무작위 분포를 생성하느냐 아니냐는 논리적으로 증명할 수 있는 것은 아니고, 경험적으로 검증할 수밖에 없다.

지옥행은 누구일까?

저승에 간 세 명의 악인 스탈린, 히틀러, 무솔리니는 지옥행의 판결을 기다리고 있었다. 셋 중 한 사람이 곧 지옥행으로 결정되겠지만, 그게 누구인지는 아직 모른다고 한다. 스탈린은 자신이 지옥에 갈 확률이 $\frac{1}{3}$이라는 걱정에 이승에서 데리고 있던 간수 베리야에게 자신이 지옥에 가는 것인지를 알려달라고 부탁했다. 베리야는 그것은 알려줄 수 없다고 거절했으나 이승에서 스탈린에게 신세를 진 적이 있기 때문에 "무솔리니는 지옥에 가지 않는다."라고 말해주었다. 스탈린은 그렇게 되면 지옥행은 히틀러나 자신 둘 중 하나이므로, 자신이 지옥에 갈 확률은 $\frac{1}{2}$이라고 생각해 더 큰 근심에 잠겼다.

스탈린의 걱정은 맞는 것일까? 정답은 스탈린이 지옥에 갈 확률은 여전히 $\frac{1}{3}$로 전과 다를 바 없다는 것이다. 다음과 같이 생각하면 된다. 3명이 지옥에 갈 확률은 각각 $\frac{1}{3}$이다. 따라서 스탈린 이외의 두 사람 중 누구든 지옥에 갈 확률은 $\frac{2}{3}$이다. 그런데 두 명 중 무솔리니는 지옥에 가지 않는다는 것을 알게 되었으므로, 남은 한 사람 히틀러가 지옥에 갈 확률이 $\frac{2}{3}$가 되어, 스탈린이 지옥에 갈 확률은 $\frac{1}{3}$ 그대로이다.

아직 이해가 안 된다고 느낄지도 모르겠다. 그러면 다음과 같은 문제를 생각해 보자.

모양이 같은 세 개의 상자가 있는데, 그중 한 개에 보물이 들어 있다.

어느 상자에 들어 있는지를 맞추면 보물을 받을 수 있다고 하자. 보물을 받을 수 있는 확률은 $\frac{1}{3}$이다. 그런데 상자를 선택한 후, 남은 두 개 중 어느 쪽이 비어 있는지 알 수 있고 선택한 상자를 남은 한 개와 바꿀 수 있다고 한다. 이때 선택을 바꿔야 할까?

답은 바꾸는 것이 맞다. 왜냐하면 세 개의 상자를 A, B, C라고 하고, 처음에 A를 선택했다면 (1) 선택을 바꾸지 않을 때 A에 보물이 들어있다면 당첨, B나 C에 들어 있다면 꽝이 된다. (2) 선택을 바꿀 때 A에 보물이 들어 있다면 꽝이 되어버리지만, B나 C에 들어 있다면 당첨이 된다.

따라서 (1)의 경우 당첨될 확률은 $\frac{1}{3}$인 것에 비해, (2)의 경우 당첨될 확률은 $\frac{2}{3}$가 된다. (2)의 경우에는 당첨될 확률이 (1)의 2배가 되는 것이다.

만약 이 게임을 여러 번 반복하면, 선택을 바꾸지 않았을 경우 당첨되는 횟수는 거의 $\frac{1}{3}$이 되지만, 선택을 바꾸면 $\frac{2}{3}$의 경우 당첨될 수 있다. 3명의 악인의 문제도 논리적인 구조는 이것과 완전히 똑같다. 물론 이 경우 지옥행의 실험을 반복하는 것은 불가능하다. 스탈린에게 주어진 확률이 $\frac{1}{3}$이든 $\frac{1}{2}$이든, 지옥에 떨어지는 것에 대한 '기대공포치'는 무한대라는 사실에는 변화가 없을지도 모른다.

우연의 법칙성 활용

확률모형을 이용한 통계적 방법에서 주의해야 할 점은
절대로 일의적인 '과학적 결론'을 부여하는 것이 아니라
우연적인 변동을 포함하고 있는 데이터로부터
가능한 한 합리적인 판단을 내리기 위한 단계라는 것이다.
또한 잘 모르는 변동이 반드시 우연적이라고 말할 수 없는 경우에는
그것을 우연적이라고 볼 수 있도록 무작위화 방법을 이용하는 것도
그러한 과정 중의 하나로 이해해야 할 것이다.

01
보험과 큰수의 법칙

재해나 사고, 질병 등 '예상치 못한 재난'은 언제 자신에게 닥칠지 모른다. 우연한 사정에 크게 좌우되기 때문이다. 그러나 많은 사람을 모으면 그중 이러한 재난을 입은 사람의 수는 거의 일정하다. 그래서 여러 사람이 돈을 모아 재난을 겪는 사람에게 건넨다면, '운 나쁘게' 재난에 빠진 사람의 손실이나 그 일부를 보상할 수 있다.

이처럼 우연한 재해에 대응하는 상호부조를 조직화한 것이 보험이다. 이러한 제도는 옛날부터 존재했지만, 큰수의 법칙에 기초해 이를 기업화한 것이 보험회사이다.

보험의 논리

보험은 보험회사와 가입자에게 그 의미가 전혀 다르다는 점에 주의해야 한다.

보험회사에서는 '확률'의 문제라기보다는 철저하게 '비율'의 문제이다. 화재보험의 예를 들면, 현실적으로 많은 집 가운데 몇 채가 소실되느냐의 문제이다. 이때 들어온 보험료의 총액이 지급하는 보험금액보다 많으면 보험회사는 돈을 버는 것이고, 지급하는 보험금액이 많으면 손해를 보는 것일 뿐이다. 각각의 집에 화재가 일어나는지 여부는 여러 가지 우연적인 사정을 따르며, 특정한 집이 화재로 소실되고 안 되고는 '우연'이고 불운이며 '확률'의 문제이다. 그러나 다수의 집에 대해서는 큰수의 법칙이 작용해, 보험회사가 지급하는 보험금은 거의 일정하게 되고, 들어온 보험료의 총액에서 추가 비용(인건비 등)을 뺀 것이 이익이 된다. 보험회사라는 기업이 생존하기 위해서는 이 비율이 대체로 안정되어야 한다. 즉 큰수의 법칙에 의존하고 있다.

가입자는 일정한 보험료를 내는 대가로, '불운'하게 재해를 입어 집이 소실되었을 때의 큰 손실을 보험금을 받아 없애려 하는 것이다. 즉 가입자 관점에서는, 소액이지만 보험료라는 확실한 손실과 확률은 낮지만 화재로 생기는 거액의 손실과 비교의 문제이고 그것은 결국,

집이 소실되는 손해액 × 화재의 확률 = 기대손실

과 보험료 간의 비교 문제이다.

따라서 보험료가 기대손실보다 작으면 보험에 가입하고, 보험료

가 기대손실보다 크면 보험에 가입하지 않을 것이다. 그리고 보험료율이 일정하면, 즉 보험료가 보험금액에 비례한다면, 보험료율이 화재의 확률보다 높을 때는 보험에 들지 않는다.

매우 드물게 많은 집이 한 번에 타버리는, 큰수의 법칙이 성립되지 않는 경우에 보험은 성립하지 않는다. 예를 들어 백 년에 한 번 대지진이 일어나는 어떤 지역에서 가옥의 10분의 1이 타버렸을 경우를 생각해 보자. 1년 동안 그 지역의 가옥에 불이 날 확률은 천분의 1이라고 생각되므로, 1년간의 보험료율은 천분의 1에 수수료율을 더한 것이 될지도 모르지만 이러한 경우 보험은 성립하지 않는다. 왜냐하면 만약 여기서 지진이 일어나면 보험료 총액의 백배(에 가까운) 보험금을 지급해야 하므로 보험회사는 파산해 버리고, 또 지진이 일어나지 않으면 보험료는 고스란히 수익으로 되어 버리기 때문이다.

그래서 지진으로 인한 손해는 보통 화재보험에서는 보상해 주지 않는다. 또 선박의 해상보험과 같이 확률은 낮지만 일어나면 큰 금액을 지급해야 하는 경우, 보험회사는 재보험을 들어 될 수 있는 한 큰수의 법칙이 성립되도록 하고 있다.

보험에 가입하는 이유를 하나 더 덧붙이면, 불이 났을 때 받는 보험금의 효용은 현재 내는 보험료의 효용과 비교해 금액의 비율, 즉 요율의 역수보다 클 수 있다는 것이다. 행동의 기준이 되는 것은 금

액이 아니라 효용의 크기이므로,

화재가 일어났을 때 받는 보험금의 효용 × 주관확률

= 보험금의 기대효용

과 보험료의 효용을 비교해 기대효용이 크면 보험에 가입하게 된다.

한편 보험회사에서 비교하는 것은 지급하는 보험금의 기댓값과 보험료(비용 공제)이므로, 보험금과 보험료의 효용의 비율이 금액의 비율보다 크면, 보험회사와 가입자 양쪽의 '확률'이 같아도 보험이 성립하게 된다.

예를 들어 자택의 가치가 가구 등을 포함해 3억 원이라고 하고, 같은 액수의 보험에 들었다고 하자. 만약 집이 타버렸다면 생활을 재건하기 무척 곤란하므로, 그때 손에 들어온 3억 원의 효용은 현재 무사히 생활하고 있을 때의 10만 원 효용의 3천 배보다 훨씬 크다고 느낄 것이다. 그러면 화재가 일어날 확률이 0.1%이고, 기대손실액이 30만 원이라고 하면, 보험금 3억 원의 기대효용은 현재 있는 30만 원의 효용보다 크므로, 보험료가 30만 원보다 비싸도 보험에 들 것이다.

그래서 현실에서 위의 두 가지 요소를 고려하면 보험에 가입하는 사람의 기준은,

재해를 입었을 때 받는 보험금의 예측 효용 × 재해를 입는 주관확률

〉보험료의 기대효용

이다. 이 중 두 가지 요소는 모두 주관적이므로 명확하게 정할 수 없다.

생명보험의 기대효용

생명보험의 경우는 더 분명하다. 생명보험금을 받는 사람은 일반적으로 본인이 아니라 가족이므로 비교되는 것은,

본인이 죽었을 때 가족이 받는 보험금의 효용에 대해 자신이 느끼는 효용(이 두 가지 효용은 같다고 할 수 없다.) × 자기가 죽는 것에 대한 주관확률 = 보험의 기대 효용

과 내는 보험료에 대한 자신의 효용이므로, 그 관계는 매우 복잡하다.

한편 보험회사에서는 간단하게,

보험금 × 사망확률 = 지급보험금액의 기댓값

과 보험료의 비교가 문제일 따름이고, 사람의 연령별 사망률은 상당히 정확하게 알 수 있으므로, 보험회사 측에서 보면 별문제가 없다.

여기서 후자의 계산이 객관적 합리적이라고 해서, 만약 기대보험금액이 보험료보다 많다면 보험에 가입해야 한다거나 혹은 합리적

이라고 생각하면 안 된다. 보험료를 내는 사람은 현재의 자신이고, 보험금을 받는 사람은 앞날의 가족으로 별개의 존재이다. 또한 자신이 죽는 주관확률이 사망률에 일치해야 하는 것도 아니다. 도대체 자신이 죽는 일에 관해 '확률'을 운운하는 것이 얼마나 의미가 있을까. 사람의 죽음은 분명히 한 번뿐이기 때문에 자기 죽음의 '빈도'를 운운하는 것은 무의미하다.

또 자기 죽음에 대해 주관확률을 정하기 위한 '도박'을 생각해보아도, 자신이 죽어버리면 도박에 건 돈을 받을 수 없으므로 그것도 의미가 없다.

생명보험에 가입하는 이유는, 자신이 죽었을 때 가족이 받을 타격을 완화하기 위해 얼마간의 돈을 받을 수 있도록 현재 어느 정도의 보험료를 내는 것이다. 현재 실제로 내는 돈과 앞날에 자신이 죽었을 때 받는 돈은 원래 전혀 다른 차원에 속하는 것이므로 그것을 연결 짓는 객관적인 규칙은 존재하지 않는다. 그러므로 생명보험의 기대효용 같은 것은 계산할 수 없다.

보험이란 본디 사람들이 때때로 피할 수 없는 불운한 사건을 만났을 때, 한편으로는 '불운'을 나누고 당사자의 괴로움을 덜어주려는 생각에서 비롯된 것이었다. 그리고 이러한 일을 대규모로 행하는 보험회사라는 것이 세워지고 그 영업이 행해지게 되었다. 보험회사에 의해 보험 제도가 확립되어 널리 퍼지게 되었는데, 그 기반에는 역시 상호부조의 정신이 있다고 생각한다. 그러므로 거래하는 한쪽의 당사자가 타인의 불운이나 불행에 의해 이익을 얻고, 자신이 불행을 불러오는 행위를 적극적으로 하지는 않더라도 마음속으로 그런 일이 일어나기를 바란다면 역시 도덕에 반하는 것이고, 그러한 거래를 제도화하면 안 된다고 생각한다.

02
통계를 이용한 추측

확률을 응용하려는 시도

큰수의 법칙이나 중심 극한 정리에 따라 우연 현상 안에서 법칙성이 발견되면, 그것을 여러 가지 현상에 응용하고자 시도하게 된다. 특히 우연의 영향을 받은 관측 사실에서 법칙성을 발견하려는 귀납논리의 방법으로서 확률론을 응용하려는 사고방식이 생겨났다. 귀납법의 논리에서는 많은 사례를 모을수록 결론의 신뢰성이 높아진다고 생각되는데, 확률론에서 이끌어낸 큰수의 법칙이 그 근거를 부여하는 것으로 보인다.

예를 들면, 18세기에는 이러한 관점으로 배심원제도에서 배심원을 몇 명으로 하는 것이 좋은가 하는 문제가 논의되었다. 즉 피고가 유죄일 때 한 사람의 배심원이 (바르게) 유죄라고 할 확률을 p_0, 무죄일 때 (그르게) 유죄라고 할 확률을 p_1으로 한다. n명의 배심원이 다수결로 판결할 때 무죄인 피고가 실수로 처벌될 확률과 유죄인 피고가 석방될 확률 p_0, p_1을 여러 가지로 계산해, 이 두 가지 오류의 확률을 적절히 낮게 하려면 n을 얼마로 하는 것이 좋겠느냐는 문제였다.

지금으로서는 이러한 논의가 조금 어리석게 생각될 것이다. 어떤 배심원이 유죄라고 할지 무죄라고 할지는 일정한 확률을 가진 우연 현상이라고 보기 어렵고, 설령 확률을 적용하는 것을 인정하더라도 같은 배심원에 대해 늘 일정한 확률이 성립한다고 보기 어려우며 다른 배심원은 당연히 다를 것이다. 또 배심원끼리 의논하는 합의제에서는 각 배심원이 최후에 내리는 판단이 서로 (확률론의 의미로) 독립이라고 할 수도 없다. 따라서 이러한 논의는 그다지 의미 있는 것으로 생각되지 않지만, 확률론이 신선한 화제였던 19세기 초에는 이 같은 논의가 유난히 진지하게 이루어졌다.

이 주사위는 이상해

확률론을 조금 더 분명한 형태로 구체적인 문제에 응용할 수 있다.

다시 주사위 예를 들어보자.

주사위를 던져서 다섯 번 연속 1이 나왔다고 하자. 그렇다면 누구나 "이 주사위는 이상해. 1만 계속 나오도록 만들어진 야바위가 틀림없어."라고 느낄 것이다. 그러나 그렇게 딱 잘라 말할 수 있을까.

바른 주사위일지라도 우연히 1이 다섯 번 연속으로 나오는 것은 있을 수 있는 일이다. 그러나 그 확률은,

$$\frac{1}{6^5}=\frac{1}{7,776}=0.0001286\cdots$$

으로 0.013%에 지나지 않는다. 이 확률은 극히 낮아서 거의 일어날 수 없다. 따라서 이 주사위는 '확실히 이상하다'라고 말할 수 있다. 그러나 이처럼 낮은 확률이라도 절대로 일어나지 않는 것은 아니고, 만약 주사위를 10만 번 던지면 그중에서 1이 연속해서 다섯 번 나오는 일도 반드시 일어날 것이다. 그렇다면 지금 던진 다섯 번이 마침 그런 때였다고 하는 것도 있을 수 있는 일이다.

그러므로 이 주사위가 '야바위'라고 딱 잘라 말할 수 없을지도 모른다. 그러나 이렇게 확률이 낮은 일은 '거의 일어날 수 없다'면 '이 주사위는 야바위가 아닌가' 하고 의심할 이유는 충분하다고 봐야 한다. 그러므로 실험을 더 하든지 주사위를 잘 살펴보든지 점검이 필요하다.

한 가지 예를 더 들어보자. 만약 주사위를 12번 던져서 한 번도 1이 나오지 않았다면 이번엔, "12번이나 던지면 평균적으로 1이 두 번은 나와야 하는데 한 번도 나오지 않는 것은 이상하다. 이 주사위는 1이 나오기 어렵게 되어 있는 게 아닐까?"라고 의심할지도 모른다. 그러나 이 경우 12번 중 한 번도 1이 나오지 않을 확률은 $\left(\frac{5}{6}\right)^{12}=0.112\cdots$, 즉 약 11%가 된다. 높은 확률은 아니지만, 그다

지 낮다고 할 수도 없으므로 충분히 일어날 수 있다. 따라서 우연히 일어난 일이라고 생각할 수 있고 '이상하다'고 할 수 없다.

물론 이 주사위가 '야바위'일 가능성은 충분히 있다. 하지만 이를 의심하기에는 '증거 불충분'이다.

통계적 가설 검정

위와 같은 사고방식을 정식화한 것이 통계적 가설검정의 논리이다.

우연적으로 변동하는 것 같은 관측 데이터가 주어졌을 때, 미리 상정된 일정한 가정(통계적 가설이라고 한다.)에 모순되지 않는지, 만약 가설이 올바르다면 낮은 확률로밖에 일어날 수 없는 결과가 나온 것은 아닌지를 판정하는 것이 통계적 가설 검정이다. 앞의 예로 말하면, "이 주사위는 바르게 만들어진 주사위이다."라는 가정을 "이 주사위에서 1부터 6까지 숫자가 나올 확률은 모두 $\frac{1}{6}$이다."라고 표현한 것이 통계적 가설이다.

그러면 이 주사위를 n회 던져서, 1부터 6까지 나온 횟수를 x_1, x_2, …, x_6이라고 하자. 앞의 예에서는 이 중에 1이 나온 횟수에만 주목하였지만, 이번에는 모두 고려해보자.

가설이 올바르다면 x_1, x_2, …, x_6의 기댓값은 모두 $\frac{n}{6}$으로 같다. 나오는 숫자가 치우치지 않았나 하는 것의 척도로,

$$D^2=(x_1-\frac{n}{6})^2+\cdots+(x_6-\frac{n}{6})^2$$

을 사용할 수 있다. 이 값이 작을수록 결과는 가설에 잘 맞는다고 생각되고, 이 값이 클수록 나오는 숫자가 가설에서 벗어나 있다고 느낄 것이다.

가설검정의 사고방식을 처음 정식화한 칼 피어슨(1857-1936)은 가설이 바를 때 n이 커지면,

$$\chi^2=\frac{D^2}{\frac{n}{6}}$$

$$=\frac{(x_1-\frac{n}{6})^2}{\frac{n}{6}}+\cdots+\frac{(x_6-\frac{n}{6})^2}{\frac{n}{6}}$$

의 분포가 카이제곱 분포(더 정확하게는 자유도가 5인 카이제곱 분포)에 가까워지는 것을 증명하고, 카이제곱 분포표를 작성했다.

주사위를 300번 던져서 1에서 6이 나온 횟수가 다음과 같다고 하자.

57, 43, 41, 55, 60, 44

그러면 χ^2의 값은,

$$\chi^2=\frac{(57-50)^2+(43-50)^2+(41-50)^2+(55-50)^2+(60-50)^2+(44-50)^2}{50}$$

$$=8.8$$

이 된다. 한편 카이제곱 분포표로부터,

$$P(\chi^2>8.8)=0.144\cdots$$

로 계산된다. 이 확률은 그다지 높다고 말할 수는 없지만, 14% 확률의 사건이 일어나는 일은 충분히 있을 수 있으므로, 이 주사위가

바르게 만들어지지 않았다고 단언할 수 없다.

만약 1에서 6이 나오는 횟수가,

74, 36, 42, 55, 44, 49

였다면, 이번에는 1이 너무 많이 나와서 이상하다고 느낄지도 모른다. 실제 χ^2의 값을 계산해보면, $\chi^2=17.96$이 되고, 이번에는,

$$P(\chi^2>17.96)=0.0014\cdots$$

가 되어 매우 낮다. 따라서 이 경우에는 '이 주사위는 비뚤어졌다'고 생각될 것이다.

이럴 때 어느 정도의 확률이면 충분히 낮다고 볼 수 있는가는 선택의 문제이다. 보통 5% 또는 1%가 기준으로 이용되며, 이를 '유의수준'이라고 한다. 그리고

$$P(\chi^2>c_\alpha)=\alpha,\ \alpha=0.05 \text{ 또는 } 0.01$$

이 되는 값 c를 구해놓고, χ^2의 값이 c를 넘을 때, 가설을 '버리는' 것으로 한다.

자유도 5의 카이제곱 분포표에서는 $c_{0.05}=11.07$, $c_{0.01}=15.09$이므로, 앞에서 기술한 첫 번째 경우는 유의수준 5%에서도 가설을 버리지 않고, 두 번째 경우는 유의수준 1%에서 가설을 버린다.
가설검정의 사고방식은 20세기 들어 통계적 데이터를 처리하는 방법으로 널리 이용하게 되었다.

03
무작위 현상의 적극적 이용

20세기에 들어서 통계학에서는 우연성 또는 무작위성을 배제하는 것이 아니라 적극적으로 이용하는 방법을 만들어냈다. 피셔가 고안한 실험계산법에서의 무작위화와 네이만이 제안한 표본조사에서의 무작위 추출(random sampling)이다.

농업실험의 무작위화

R. A. 피셔(1890-1962)는 로담스테드 농업시험장에서 서로 다른 품종 간 농작물의 수확량을 비교 실험하는 통계연구를 했다. 농업시험장에는 19세기부터 수확량 실험에 대한 오랫동안의 기록이 남겨져 있었다. 피셔가 이 기록들을 분석하며 깨달은 것은 실험농장의 조건이 절대 균일하지 않고 장소에 따라 지력(地力)이나 여러 가지 조건이 다르며, 이러한 점들이 수확량에 영향을 미친다는 것이었다.

여러 가지 품종의 수확량을 비교한다면 재배 장소의 조건에 따른 영향은 제외해야 한다.

일반적으로 실행되는 과학적 정밀 실험의 경우에는 될 수 있는 한 실험 조건이 균일하게 되도록 정밀하게 관리하여 실험한 후 결과를 비교하지만, 이를 농업실험에 적용하기는 곤란하다. 실험장소인 밭은 실외에 있고, 완전히 균일한 조건으로 만드는 것은 불가능하다. 또 일시적으로 특별하게 울타리를 쳐서 정밀하게 시험할 수 있게 된다 하더라도, 농업실험의 목적은 여러 가지 품종의 수확량에 관한 '과학적 법칙'을 발견하는 것이 아니라, 현실 농가에서 재배했을 때 수확량이 많아지는 품종을 발견하는 것이다. 그런데 현실에서 농사짓는 밭의 조건은 절대 균일하지 않으므로 여러 가지 조건이 어느 정도 변화해도 다른 품종보다 수확량이 더 많은 품종을 찾아내는 것이 필요하고, 인공적으로 정밀하게 관리된 조건에서 수확량이 많은 품종이 꼭 뛰어나다고 할 수는 없다. 따라서 농업실험의 경우 오히려 토지의 조건은 어느 정도 편차가 있는 것을 헤아려 실험을 계획하고 그 결과를 해석해야 한다.

이러한 문제와 관련해 채택된 방법은 다음과 같다. (1) 먼저 대상이 되는 밭을 조건이 거의 균일하다고 생각되는 블록(block)으로 나눈다. (2) 각 블록을 다시 몇 개의 플롯(plot: 작은 구역)으로 나누고, 각 플롯에 특정한 품종을 심는다. (3) 블록 안에서 품종의 배치는 될 수 있는 한 균형을 맞춘다.

A, B 두 품종의 수확량을 비교할 경우, 한 개의 블록에 4개의 플롯이 일렬로 배치되어 있다고 하면 두 개의 품종을,

$$ABAB \quad ABAB \quad ABAB \quad ABAB \cdots$$

와 같이 배치해 수확량을 비교하는 것이 전통적인 방법이었다(샌드위치 방식).

이에 반해 피셔는 (1) 각 블록에 A, B를 각각 두 개의 플롯씩 재배한다. (2) 블록 내에 A, B를 무작위로 배치한다. 예를 들어,

$$BBAA \quad ABBA \quad BABA \cdots$$

이렇게 수확량을 비교해야 한다고 주장하였다. 그 이유로 다음 두 가지 점을 강조하였다.

(1) 전통적인 방법(샌드위치 방식)으로는 지력이 일정한 방향으로 증대하거나 감소하는 경우, 또는 블록 양 끝의 조건이 나쁠 경우 그 영향을 제거하는 것이 가능하지만, 그 밖의 지력의 패턴에서는 제거할 수 없다. 이에 반해 무작위로 할당하면 어떠한 지력의 패턴에 대해서도 평균적으로 영향을 제거할 수 있다.

(2) 실험결과에서 지력 변동에 따른 영향의 크기를 확률적으로 평가할 수 있다. 그러나 샌드위치 방식과 같이 처음부터 일정한 배열을 취한다면 오차의 크기를 추정할 수 없다.

무작위화의 효과

처음에는 피셔의 제안을 반대하는 사람도 많았다. 특히 무작위 배열을 택하면 때로는,

$$AABB \quad ABAB \quad ABAB \quad AABB \cdots$$

와 같이 편중된 배치 방법이 선택될 가능성도 있으므로, 샌드위치 방식과 같이 주의 깊게 균형을 맞춘 배열을 택하는 쪽이 플롯의 영향으로 인한 평균 수확량의 변동을 줄이는 방법이라고 주장하는 사람도 적지 않았다. 이에 대해 피셔는 무작위 배열 방법 쪽이 플롯 변동의 영향이 적어진다고 주장했는데, 나는 피셔의 주장이 반드시 올바른 것은 아니라고 생각한다.

무작위 배열을 선택하는 것은 가능한 모든 배치방법 중에서 한 개를 무작위로 택한다는 것이고, 배치방법 중에는 여러 방향으로 치우친 것이 포함되어 있을 것이므로 때로는 선택된 방법이 어떤 방향으로 치우쳐 있을 수 있다. 이러한 치우침이 샌드위치 방식과 비교해서 작다는 보증은 없다. 그러나 모든 경우를 평균해서 생각하면 모든 방향의 치우침은 0이 될 것이고, 따라서 확률적인 기댓값을 취하면 치우침은 사라진다. 만약 블록 수가 매우 많고 실험 횟수도 매우 많다면, 큰수의 법칙에 따라 평균 수확량의 확률적인 변동은 작아지고 실제 오차가 0에 가까워진다고 말할 수 있다. 그러나 농업실험의 경우 블록 수와 실험 횟수가 그다지 많지 않으므로

이러한 논의는 성립하지 않는다. 실제로 더 중요한 것은 (2)항으로, 플롯의 영향에 따른 평균 수확량의 오차가 어느 정도 크기인지를 알 수 있다는 점이 실험 결과를 판단할 때 매우 중요하다.

무작위화 방법은 그 후 점차 받아들여져 농업실험뿐만 아니라 공장, 의료, 그 밖의 실험에서도 표준적인 방법이 되었다. 이 방법은 실험장소에서 완전하게 제어할 수 없는 여러 조건의 변동이 실험결과에 영향을 줄 때, 무작위화로 그 영향을 확률적으로 처리해서 특정한 방향으로 치우침이 생기는 것을 방지하고, 결과에 포함되는 변동의 크기를 수리통계적 기법으로 알아낼 수 있다.

만약 그러한 변동이 처음부터 완전히 우연적인 것으로 보였다면, 무작위화하지 않고도 그 영향을 확률적으로 분석해도 좋을 것이다. 그러나 지력의 변동은 무언가 미지의 패턴이 포함될 가능성이 있다. 그러므로 처음부터 확률적인 변동이라고 보고 배열을 규칙적으로 해버리면 경우에 따라 결과에 큰 치우침이 생기고, 치우침이 생겼다는 사실조차 알 수 없게 되는 위험성이 있는 것이다.

무작위 표본추출

J. 네이만(1894-1981)이 제안한 무작위 추출에 의한 표본조사법도 같은 사고방식에 기초하고 있다.

어떤 정책을 찬성하는 사람의 비율을 알고 싶을 때, 대상이 되는 집단(예를 들어 일본의 유권자, 또는 특정 지역의 성인)에 속하는 모든 사람에게 의견을 묻는 일은 도저히 할 수 없다. 또 알고 싶은 게 찬성 또는 반대하는 사람의 정확한 수가 아니라 대체적인 비율이라면, 그 정도로 많은 사람에게 묻지 않아도 알 수 있을 것이다. 그러나 적당히 몇 사람을 골라 의견을 묻는 방법으로는 그 의견의 비율이 전체와 일치하는지 알 수 없다.

이럴 때 먼저 대상이 되는 사람들의 명단을 만들고 그중에서 무작위로 일정한 수의 사람을 택해 의견을 묻는다면, 누구나 뽑힐 확률은 같아진다. 따라서 전체 중 찬성하는 사람의 비율을 p라고 하면, 무작위로 한 명을 택했을 때 그 사람이 찬성할 확률은 p와 같다. 이를 n회 반복하면 그중에서 찬성하는 사람이 x명 있을 확률은, 앞이 나올 확률이 p인 동전을 n회 던졌을 때 x회 앞이 나올 확률과 같다. 앞에서 설명했듯이 n이 충분히 크면, x의 분포는 평균 np, 분산 $np(1-p)$의 정규분포에 가까워진다. 즉 선택된 사람 중에서 찬성하는 사람의 비율은 정규분포에 가까워지는 것이다. 표준정규분포로 전환해 분포표에서 확인해 보면

$$P\left[\frac{|x-np|}{\sqrt{np(1-p)}}<2.581\right]=0.99$$

이 된다. 즉 $\hat{P}=\frac{x}{n}$로 p를 추정한다고 하면, 오차가 $\frac{1.29}{\sqrt{n}}$ 이하가 되는 확률이 99%가 된다. n을 크게 하면 그 값은 충분히 작아질

수 있다. 예를 들어 $n=1,000$이라면, $\frac{1.29}{\sqrt{n}}=0.047$이므로 오차가 4.7% 이하가 되는 확률이 99%, 즉 오차는 거의 확실히 4.7%를 넘지 않는다고 해도 된다.

예를 들어, 실제로 조사한 1,000명 중 찬성한 사람이 586명이었다면 찬성률은 58.6%, 오차가 최대 4.7%라면 전체에서 찬성률은 53.9%~63.3%의 범위에 있다고 생각해도 좋다. 따라서 찬성하는 사람이 반대보다 많다고 판단할 수 있다.

만약 1,000명 중 찬성이 513명이라면 찬성률은 51.3%가 되지만, 오차를 고려하면 전체에서 찬성률은 46.6~56.0%의 범위에 있으므로 찬성이 반대보다 많다고 잘라 말할 수는 없다.

만약 대상 집단 전체에서 찬성과 반대가 실제로 같은 수, 따라서 $p=0.5$라고 하면, 이 경우에 조사된 1,000명 중 찬성이 512명 이상이 되는 확률은 정규분포에 의한 근사를 이용하면 0.224가 된다. 이 확률은 그다지 낮지 않으므로 찬성과 반대가 같은 수라는 가능성은 부정할 수 없다.

그리고 오차가 거의 확실히 1% 이내가 되도록 하고 싶다면, $\frac{1.29}{\sqrt{n}}=0.01$이므로 $n=16,641$, 즉 16,641명에게 의견을 물어보아야 한다.

무작위 추출의 장점

조사대상(표본)을 무작위로 뽑아 조사하면 다음과 같은 장점이 있다.

(1) 선택된 표본 중에 특정한 성질을 가진 사람(예를 들어 어떤 정책에 찬성하는 사람)의 비율 p는 우연적으로 변동하지만, 일정한 방향으로 치우치는 경향은 없고 평균적으로는 참값과 일치한다. 즉 기댓값은 참값과 일치한다. 이러한 사실을 표본비율 $\hat{p}$는 비편향적(unbiased)이라고 표현한다.

(2) 표본의 크기 n을 크게 하면 오차 $\hat{p}-p$는 작아지고, n을 충분히 크게 하면 거의 0이 된다. 이를 $\hat{p}$는 일치성을 가지고 있다고 한다.

(3) n이 충분히 크지 않더라도 오차의 분산은 계산되므로, 오차가 일정한 범위에 들어갈 확률을 계산할 수 있다.

이와 같은 사고방식은 집단 내 비율뿐만 아니라 여러 가지 특성치의 평균값을 추정할 때에도 이용할 수 있다. 예를 들어 일본 성인 남성의 키의 평균값을 구한다고 하자. 일본 성인 남성 전체에서 무작위로 n명을 선택해 키를 재고 그 평균을 $\overline{x}$센티미터라고 하면, $\overline{x}$는 확률적으로 변동하겠지만 그 기댓값은 전체 평균 m과 일치한다. 즉 $\overline{x}$는 m의 비편향추정량•이다. 그리고 $\overline{x}$의 분산은 전체 집

• 추정량이 모수에 대해 큰 차이를 보이지 않고, 어느 한쪽으로 치우침이 없다는 의미다.

단 키의 분산 σ^2의 $\frac{1}{n}$이 되어, n이 크면 분산은 0에 가까워져 $\bar{x}$는 m에 거의 일치한다. 그리고 n이 어느 정도 크면,

$$P\left(|\bar{x}-m|<\frac{2.58\sigma}{\sqrt{n}}\right)=0.99 \qquad (*)$$

가 되어, $\bar{x}$의 오차는 거의 확실하게 $\frac{2.58\sigma}{\sqrt{n}}$ 이하가 된다. 또한 모집단의 분산 σ^2을 알지 못해도 표본의 분산으로 대체할 수 있다.

이러한 방법은 현재 많은 분야에서 널리 이용되고 있고 이에 관한 책이 많이 나와 있으므로, 여기서 자세히 기술할 필요는 없을 것이다.

신뢰구간에 관한 해석

무작위 추출에 의한 표본조사법은 매우 널리 이용되고 있는데, 오차의 확률적인 한계를 나타내는 앞의 (*)와 같은 식의 해석을 둘러싸고 논쟁이 발생했다. 예를 들어 $\sigma=10$이고, $n=100$이라고 가정하면,

$$P(|\bar{x}-m|<2.58)=0.99 \qquad (**)$$

가 되고, 이것을 단순하게 해석하면 $\bar{x}$의 오차가 2.58 이하가 될 확률은 99%라는 것이다.

예를 들어 $\bar{x}=165.5$라는 값을 얻었다면,

$$P(|165.5-m|<2.58)=0.99$$

즉, $P(162.92<m<168.08)=0.99$

라고 할 수 있을까? 네이만은 이 해석이 틀렸다며 다음과 같이 말했다. "식 (**)은 정해진 수 m에 대해 확률적으로 변동하는 $\bar{x}$가 일정한 범위에 들어갈 확률을 나타내는 것이지, m이 확률적으로 변동하는 것을 나타내는 것은 아니다. 따라서 일단 $\bar{x}$가 관측되어 그 값이 정해지면, $|\bar{x}-m|<2.58$이라는 명제는 맞든지 틀리든지 둘 중 하나일 것이고, 굳이 확률로 말한다면 그것은 1 아니면 0이다." 그래서 네이만은 확률과 구별하여 신뢰수준이라는 말을 도입하여, $\bar{x}$가 주어졌을 때 m의 범위,

$$\bar{x}-2.58<m<\bar{x}+2.58$$

을 '신뢰수준 99%에서 m의 신뢰구간'이라고 불렀다. 네이만은 덧붙여 말했다. "$\bar{x}$가 특정한 값을 취할 때, m이 그 신뢰구간 안에 들어가 있는지 아닌지는 단정할 수 없다. 그러나 $\bar{x}$를 반복 관측해서 그때마다 신뢰구간을 계산하고 그것을 여러 번 반복하면, 100번 중 99번의 비율로 신뢰구간은 m의 참값을 포함한다."

네이만 이후의 수리통계학 교과서는 거의 모두 네이만의 생각을 원용하여 대체로 신뢰수준과 확률의 차이 등을 그다지 깊게 파고들지 않고, '신뢰수준 99%의 신뢰구간' 등으로 표현한다.

그러나 앞의 네이만의 설명을 문자 그대로 받아들여, "특정한 $\bar{x}$의 값이 구해졌을 때, 거기서 계산된 신뢰구간이 m의 값을 포함하고 있는지 여부는 말할 수 없다. 그래서 구체적인 데이터로부터 얻

은 신뢰구간은 올바른 값을 포함하고 있거나 말거나 중의 하나지만, 어느 쪽이라고 할 수 없다."라고 말하면 곤란하다. 실제로는 같은 대상을 두고 몇 번이고 반복해 신뢰구간을 계산하는 일은 있을 수 없으므로, 통계적 방법을 실제로 응용할 수 없게 되는 것이다.

신뢰수준 99%라는 것은 사실 특정 데이터로 계산한 신뢰구간이 m의 값을 포함하는 것이 '거의 확실하다'라는 뜻으로 해석되고 있는데, 만약 그렇게 해석할 수 없다면 통계적 방법을 현실에 응용할 수 없다.

더 자세히 말하면,

> 신뢰구간이 m의 값을 포함하는 확률은 99%이다.
>
> ➡ 표본을 추출할 때마다 계산하면, 100번 중의 99번은 신뢰구간이 m의 값을 포함한다.
>
> ➡ 따라서 특정한 표본에서 계산된 신뢰구간은 거의 확실히 m을 포함한다(그 확률은 99%이다).
>
> ➡ 표본을 관측하여 $\bar{x}$의 값을 얻고, 그 신뢰구간을 계산하면 거의 확실히 m의 값을 포함한다. 그 확실함은 99%이다. 여기서 m이 확률적으로 변동하는 양이 아니라는 사실이 꺼림칙하다면 확률이라는 말을 피해서 신뢰수준 99%라고 해도 좋다. 그러나 신뢰수준 99%는 이 특정한 구간이 m을 포함하는 확실함의 척도라고 생각해야지, 여러 차례 반복했을 때 m을 포함하는 비율로 보면 안 된다.

라는 말이다.

피셔 · 네이만 논쟁

이 문제는 20세기 중반, 네이만과 피셔 간에 벌어진 논쟁의 본질과 관련되어 있다. 네이만은 확률을 빈도와 동일시하여 '여러 차례 반복하는 가운데 어떤 사건이 일어나는 비율' 이상으로 확대하는 것을 부정한 데 반해, 피셔는 '확실함의 척도'로서의 확률이라는 생각을 가지고 있었다.

이 논쟁에서 두 학자는 개인적인 증오를 드러내며 격렬하게 싸웠는데, 피셔의 논문이 난해하다는 점도 하나의 이유가 되어 네이만에 가까운 견해를 가진 수리통계학자들이 많았다. 하지만 두 사람이 사망한 후 논쟁은 이렇다 할 것도 없이 흐지부지되어 버렸다.

네이만이 주장하는 확률=빈도라는 생각에 반대하는 수리통계학자들은 주관확률론의 견해를 가지고 모수(母數), 예를 들면 앞에서 언급한 평균값 m과 같은 값에 대해서도 확률분포를 상정한다. 그것은 m이 확률적으로 변동한다는 의미가 아니라, m의 값이 일정한 범위 안에 있다는 확실성을 나타내는 것이다. 그리고 m이 주어졌을 때 측정값 평균 $\bar{x}$의 확률분포가 주어진다면 m의 확률분포와 연결해서, $\bar{x}$가 주어졌을 때 m의 분포(조건부 분포)를 구할 수 있다.

표본을 관측하기 전에 상정한 m의 확률분포를 '사전분포'라 하고, 관측값이 주어졌을 때의 분포를 '사후분포'라고 한다. 사후분포를 구하는 것이 통계적 방법의 목적이라고 주관확률론 쪽 수리통계학자들은 주장한다. 이러한 생각을 처음 제안한 토머스 베이즈(1702경 - 1761)의 이름을 따서 이 관점을 '베이지안'이라고 한다.

현대에 와서 베이지안 견해를 확립한 새비지는, 사전분포는 반드시 일의적(一義的)인 기준으로 결정되는 것이 아니라 개개인의 판단을 따르고 사람마다 다를 수 있으므로, 이를 개인적 확률(personal probability)이라고 한다.

베이지안의 견해로 보면, $\bar{x}$가 주어졌을 때, $P(|\bar{x}-m|<2.58)=0.99$라는 식은 "m이 이 구간에 있는 확실성은 99%이다."라는 명확한 의미가 있는 것이다.

그런데 이 확률값은 미리 상정한 사전분포에 의존하므로, 다른 사전분포를 내놓으면 사후확률은 변하게 된다.

베이지안에 반대하는 사람들은, 데이터에서 얻은 결론이 개인의 주관적인 판단을 반영하는 사전분포에 의존하는 것은 과학적이라고 할 수 없고, 과학적인 방법으로서 통계 해석 방법은 개인의 주관을 따라서는 안 된다고 주장한다.

통계분석과 주관확률

베이지안 논쟁은 매듭지어지지 않았다고 생각되지만, 확률이 '우연성'의 수학적 표현이라면 완전히 주관적이어서는 안 된다고 생각한다. 또한 주관확률을 기초로 하는 사고방식을 통계 데이터의 객관적 분석법을 제공하는 통계 이론의 기초로 삼아서도 안 될 것이다.

그러나 통계적 분석의 결론은 이것으로 모두 끝나는 게 아니다. 결론을 현실에 적용하고 판단하려면 모든 지식과 정보를 결합해야 하고, 또 여러 가지 정보의 '확실성'에 대한 판단, 즉 주관확률도 이용해야 한다. 이 단계에서는 베이지안 방법이 유효하다. 이때의 주관확률은 새비지의 말대로 한 사람 한 사람 다를 가능성이 높다. 하지만 통계적 방법으로 이끌어낸 결론은 그러한 주관적 판단을 내리기 전에 객관적 정보로 바꿀 수 있어야 한다.

모집단 값에 대해 신뢰구간이 주어졌어도 현실 집단의 값에 대한 판단은 그것으로 끝나지 않는다. 여러 가지 지식과 경험으로 그 값이 타당하다고 생각된다면 "참값은 그 범위에 있을 것이다."라고 해도 좋지만, 만약 거기서 이해되지 않는다면 "실은 참값은 구간 밖에 있고 때로는, 예를 들어 5%의 확률로 신뢰구간이 어긋난 것은 아닌가?"라고 생각해볼 수도 있다. 그러한 경우에는 조사나 계산 과정을 한 번 더 점검하거나, 그래도 의심스러운 부분이 발견되지 않는다면 베이지안 방법에 따라 사후확률을 계산해도 좋을 것이다.

다만 처음부터 베이지안 방법을 적용해 사후확률을 계산하면, 어디까지가 데이터가 나타내는 부분이고 어디서부터가 분석자의 판단인지 알 수 없게 된다. 그러면 두 사람이 다른 판단을 내렸을 경우 어느 쪽을 취해야 할 것인가의 기준이 완전히 사라져 버린다.

통계적 방법의 사용법

확률모형을 이용한 통계적 방법에 관해 주의해야 할 점은, 절대로 일의적인 '과학적 결론'을 부여하는 것이 아니라, 우연적인 변동을 포함하는 데이터로부터 가능한 한 합리적인 판단을 내리기 위한 단계라는 것이다. 또한 잘 모르는 변동이 반드시 우연적이라고 말할 수 없는 경우에는, 그것을 우연적이라고 볼 수 있도록 무작위화 방법을 이용하는 것도 그러한 과정 중의 하나로 이해해야 할 것이다.

네이만은 통계적 방법은 귀납논리를 표현하는 것이 아니라 '귀납적 행동'을 보여주는 것이라고 주장했는데, 네이만의 사고방식은 통계적 품질관리 같은 대량생산공장에서 다수의 로트(lot : 생산단위)를 처리하는 경우에 적합하다. 이에 반해 피셔의 사고방식은 실험결과로부터 객관적 판단을 내릴 때의 논리를 나타내는 것이고,

또 베이지안의 논리는 우연 변동을 포함하는 경우에 직면했을 때 행동하는 주체(개인, 기업)의 태도를 나타낸다고 생각한다. 그러므로 같은 차원에서 서로 수용할 수 없는 견해라고 볼 필요는 없다.

월드컵 문어의 은퇴

"확률이 낮은 일이 일어났다."라는 사실만으로 거기에 무언가 우연이라고 할 수 없는 사정이 존재했다고 단언할 수는 없다.

복권에서 1등에 당첨될 확률은 대단히 낮지만(1만분의 1 이하), 그래도 당첨된 사람은 반드시 있으므로 X 씨가 1등에 당첨되었다고 해서 X 씨가 뭔가 사기를 쳤다든지 '신의 계시'로 당첨번호를 골라서 산 것이 아니냐고 의심할 필요는 없다. 그러나 만약 X 씨가 사전에 "내가 이번에 복권 1등에 당첨된다."라고 예언했다면, 분명히 "우연이라고 할 수 없다."라고 생각할 수도 있다. 하지만 "자신이 당첨된다."고 말한 사람이 많이 있었다면, 그중 한 명인 X 씨가 당첨될 확률은 그다지 낮지 않고 특별히 신기한 일은 아니었다고 생각할지도 모른다.

2010년 월드컵에서 '점쟁이 문어' 파울이 8경기의 결과를 예측해 모두 맞춘 것이 큰 화제가 되었다. 아무렇게나 예측했을 때 한 경기의 승패를 맞출 확률이 $\frac{1}{2}$이라고 하면, 8경기를 모두 맞출 확률은 $\left(\frac{1}{2}\right)^8 = \frac{1}{256} = 0.0039\cdots$로 약 0.4%이다. 분명히 낮은 확률이므로 8경기를 모두 맞춘 것은 우연이 아니라고 할 수도 있다.

그러나 만약 파울과 같은 '점쟁이 문어'가 세계적으로 몇백 마리나 있다면, 그중에 우연히 모두 맞춘 문어가 있다고 해도 이상하지 않다. 그것이 어쩌다 파울이었다고 해도 파울이 '초능력'을 가지고 있다고 생각할 필요는 없다.

그런데 파울의 경우는 이렇게 사후에 선택된 것이 아니었다. 적어도 결승 토너먼트 5개 경기는 사전에 예측해서 맞춘 것으로 알려졌다. 그 확률은 $(\frac{1}{2})^5 = \frac{1}{32} = 0.031\cdots$로 매우 낮으니까 '신기하다'고 할 수 있다. 그러나 그 정도의 '우연'은 이 넓은 세상에서 얼마든지 일어나는 일이므로 '신기한 우연이 일어났다'는 정도로 지나치면 되는 일이다. 그러므로 독일 수족관이 파울의 '은퇴'를 결정한 것은 (그럼으로써 다음번 파울의 예언이 빗나가는 것을 피했다는 의미로) 현명한 판단이었다.

4장 우연의 적극적 의미

우연이라는 것을
주사위와 같은 이미지로 생각하는 한
몇억 번 몇조 번 던져진다 해도
거기에서 정교한 생명체 같은 것이 태어난다고
생각하지 못하는 것은 당연하다.

01
우연이 만든 생물의 진화

난처한 일이 생겼다

제1장에서 설명했듯이 인과관계가 기계적 동력인에 한정된 것이라면 필연성도 그에 한정된다. 바꾸어 말하면 동력인으로 설명할 수 없는 것은 '우연'이라고밖에 할 수 없다.

그런데 이러면 좀 난처한 일이 생긴다. 18세기 들어 물리학에서 역학적 우주관이 확립되자, 우주의 운동 법칙은 무한의 과거부터 무한의 미래까지 전혀 변하지 않는 것이라고 보게 되었다. 신에 의한 우주 창조부터 최후의 심판까지 우주는 유한한 역사를 가지고 있다는 사고방식을 부정함과 함께 본질적으로 변화를 배제하는 것이었다.

하지만 그 시대 서양 사회는 과학과 기술이 크게 발달하여 경제가 성장하고, 아주 먼 옛날에 인류의 황금시대가 있었다는 생각은 부정되고 역사의 진보라는 개념이 출현했다. 또한 지구도 성서에서 말하듯 고작 수천 년 전에 창조된 것이 아니라, 아주 오랜 시간 동안 많은 변화를 거쳐 현재 모습이 되었고 그동안에 많은 종류의 생물이 출현하고 멸종됐다는 사실이 밝혀졌다. 그리고 19세기 중반에는 다윈의 진화론에 따라 모든 생물은 먼 옛날부터 점차 진화했다는 것, 인간도 예외가 아니며 원숭이 또는 그에 가까운 포유류로부터 진화했다는 이론이 확립됐다.

우주의 기본법칙이 본질적으로 변화라는 것을 포함하지 않는다면, 진보나 진화가 어떻게 있을 수 있을까, 인간사회의 진보나 생물의 진화는 필연일까, 또한 어떤 원인이 그것을 불러왔겠느냐는 문제가 생긴다.

불변의 우주에 진화란 없다

오늘날에는 빅뱅으로 발생한 우주가 약 백몇십억 년이라는 유한한 역사를 가지고 있고, 태양과 지구도 다른 모든 천체와 같이 발생부터 소멸까지 유한한 일생을 보내고 있으며, 지구 상에서 발생한 모든 생명은 수억 년의 역사 속에서 진화와 멸종의 역사를 반복하고 있다는 우주관이 확립되어 있다.

뉴턴의 우주관을 불변의 우주라고 한다면 현대의 우주관은 변화와 생성의 우주관이라고 할 수 있다. 뉴턴역학의 법칙에는 기본적인 방향성이 없으며 과거와 미래는 대칭적이다. 그러나 우주의 생성, 지구의 형성, 생물의 진화 그리고 인간의 역사 모두 과거에서 미래로 향하며, 과거와 미래는 대칭적이지 않다.

그렇다면 왜 시간에 대해서 대칭적인 기본법칙에서 대칭적이지 않은 변화가 생기는 것인가 하는 커다란 의문이 생긴다. 물리법칙으로 발생하는 것은 오히려 질서의 해체라고 여겨지기 때문이다. 즉 어떠한 질서가 형성되었어도 그대로 방치되어 물리법칙에 맡겨지면, 머지않아 질서는 해체되고 혼돈이라는 것으로 돌아가 버린다. 이것을 물리적인 법칙으로 표현한 것이 엔트로피 증대 법칙이다. 요컨대 일정한 닫힌 (외계에서 영향받지 않은) 계(系) 안에서는 엔트로피(무질서의 정도)는 늘 증대한다. 새로운 질서가 자연적으로 형성되는 일은 없다.

생물의 진화나 인간사회의 발전은 이 법칙에 모순되는 것처럼 보인다. 이 법칙은 도리어 역사는 과거의 황금시대로부터 쇠퇴하는 과정이라는 견해를 지지하는 것처럼 생각된다. 18~19세기 사람들은 자연과학의 발전이야말로 '진보'의 원동력이라고 간주했음에도 불구하고, 19세기 자연과학은 '진보와 발전'이 아니라 '쇠퇴와 붕괴'를 증명하고 있는 것은 아닐까. 이것은 크나큰 역설이다.

왜 그것이 거기에 있을까

뉴턴 물리학은 우주 안에 존재하는 모든 것은 물리법칙에 따라 무한의 과거부터 무한의 미래까지 운동하며, 그에 따라 모든 현상이 일어난다고 생각했다. 다만 모든 물질의 위치와 운동량은 '초기조건'으로서 주어진 것이라고 여겼다. 따라서 "왜 그것이 거기에 있는가?"라는 질문에는 전혀 답할 수 없었다. 그러므로 물리법칙이 지배하는 우주 안에 존재하는 모든 것은 우주 '밖'에 있는 신에 의해 창조된 것이라고 함으로써 자연과학과 기독교 신학을 양립시킬 수 있었다.

기독교에서는 인간과 모든 생물은 신에 의해 무생물과 별개로 창조되었다고 생각했다. 그래서 구약성서의 창세기를 믿는 게 자연과학과 반드시 모순되는 것은 아니었다. 뉴턴도 우주는 성서에서 말하는 것처럼 기껏해야 수 천 년 전에 창조된 것이라고 믿고 우주 창조의 시점을 계산했다.

그런데 19세기 들어 지질학을 통해 지구의 나이는 수 천 년보다 자릿수가 훨씬 많다는 것이 밝혀지고, 성서에 쓰인 것은 사실이 아니라는 점이 알려졌다. 결정적인 전기가 된 것이 다윈의 진화론이었다.

인간을 포함해 지구상의 모든 생물이 공통된 선조에서 진화했다는 진화론은, 성서나 거의 모든 종교의 우주창조론과 대립하는 것이었다. 교회의 강한 반발을 불러일으키면서도, 다윈 논리의 강력함과 그 후 축적한 방대한 증거에 따라 진화론은 근대생물학의 정통이론이 되었다. 그러나 현대에도 주로 미국의 일부 강력한 교회 중에는 진화론을 거부하며 학교 교육에서 그 부분을 제거하도록 문제를 일으키는 그룹이 존재하고 정치적으로도 강력한 운동을 전개하고 있다. 이 사실은 다윈의 진화론이 지동설이나 뉴턴적 우주관 이상으로 현대에 이르러서도 여전히 기독교적 세계관과 양립하기 어려운 것이라는 사실을 보여준다.

우연이 만든 진화

다윈의 진화론은 기독교 신학과 결별했을 뿐만 아니라 그때까지의 뉴턴 역학적 우주관에도 균열을 일으켰다는 점에 유의해야 한다.

즉 뉴턴의 불변하는 우주와 달리 우주 안에서 새로운 것이 생기는, 본질적인 변화가 일어나는 것을 주장했기 때문이다.

다윈은 생물의 진화는 돌연변이와 자연선택으로 일어난다는 것을 방대한 사례를 모아 입증했다.

다윈의 주장은, 돌연변이라는 우연이 자연선택으로 선별되어 누적됨에 따라 새로운 종이 만들어지는 창조가 이루어진다는 것이다. 여기서 우연은 무지에 기초한 예측 불가능성도 아니고 그저 필연성에서 일탈한 것도 아닌 적극적인 역할을 하고 있다. 이것은 뉴턴 물리학의 기계적인 우주관에는 전혀 없던 사고방식이다.

이 생각은 지극히 혁명적이어서 진화론을 사실로 받아들인 사람들조차도 좀처럼 이해하지 못하는 부분이었다.

다윈은 생물이 진화하고, 오래된 종에서 새로운 종이 생기는 것을 '필연적'이라고 생각했지만, 뉴턴역학이 상정하는 '필연성'과는 본질에서 다르다. 다윈에 따르면 어느 시점에 어떤 방향으로 진화가 일어날지, 그에 따라 어떤 새로운 종이 태어날지를 예측하는 것은 불가능하다.

새로운 것이 발생하는 '돌연변이(mutation)'는 한자어 뜻 그대로 '돌연(突然)', 즉 갑자기 아무렇게나 일어나는 것이다. 거기에는 필연적인 방향성은 전혀 포함되어 있지 않다. 다만 발생한 변이에 대해 자연선택(또는 '생존경쟁')의 힘이 작용해 환경에 더 적합한 것이 살아남는 것이다. 생물의 진화는 "더 적합한 것이 태어나는 과정이다."라고 말하지만 자연선택의 결과로서 그렇게 된 것뿐이고, 생물 자체가 더 적합한 방향으로 변화하려는 성질을 가지고 있다는 뜻은 아니다.

진화는 진보가 아니다

이 점에서 다윈의 진화론은 자주 오해를 받는다. 19세기에는 과학의 발전, 산업혁명에 따른 경제 성장 속에서 '진보'라는 것을 신봉

한 시대였으므로, 생물의 진화 과정은 생물이 단순한 것에서 복잡한 것으로, '저급'한 것에서 '고급'한 것으로 진보하는 과정이라고 이해되는 일이 많았다.

그러나 다윈의 진화론에서 진화란 그러한 직선적인 과정이 절대로 아니다. 진화는 저급한 것에서 고급한 것으로의 진보를 의미하지 않는다. 환경에 더 적합하다는 것은 더 좋은 것이 된다는 의미가 절대 아니다. 기생충같이 다른 생물에 완전히 의존해 생존하는 쪽을 선택한 결과, 많은 기관이 불필요해져 퇴화하고 잃어버린 경우도 있다. 이것도 진화의 한 가지 방식이다.

또한 다윈의 진화론은, 생물이 환경에 더 잘 적응하기 위해 변화한 결과가 자손에게 유전된다는, 이른바 '획득형질'의 유전에 따른 목적론적 진화의 사고방식과는 본질에서 다르다. 반복하는 말이지만 진화의 방향은 항상 아무렇게나 선택된 것이고, 그 안에서 때마침 더 좋은 방향을 택한 것만 살아남아 결과적으로 더 잘 적응한 것이 나타나는 것이다.

진화의 방향성을 사후적으로 추적할 수 있고 막대한 수의 생물 종의 계통체계를 구성할 수도 있지만, 미래를 향한 진화의 방향은 예측할 수 없다.

따라서 앞으로도 진화에 따라 새로운 생물 종이 탄생하겠지만 그것이 어떤 것일지 예상할 수 없다. 이것은 천체의 운동에 대해서는 몇 억 년 후까지도 정확히 예측할 수 있는 것과 본질적으로 다르다.

도무지 받아들일 수 없던 우연

기본적으로 진화론을 믿는 사람들 사이에서도 생물의 진화 과정에서 '우연'이 본질적인 역할을 한다는 점은 받아들이기 어렵다고 느끼는 부분이 존재한다. 따라서 라마르크와 같이 후천적으로 획득된 형질이 유전된다는 설이나 진화에는 기본적인 방향성이 있다고 하는 설이 종종 주장되었다.

그중에서도 비극적인 사건이 20세기 중반 옛 소련에서 '루이센코설'이라는 것이 공산당 공식 학설이 된 일이다. 이에 반대하는 생물학자들이 정치적으로 탄압을 받아 많은 희생자가 나왔고, 옛 소련의 생물학과 농학의 진보가 크게 손상당하게 된 것이다.

농학자 루이센코는 생물의 환경을 조작함으로써 유전적 형질을 바꿀 수 있고, 이에 따라 유용한 새로운 종을 만들어낼 수 있다고 주장했다. 루이센코는 자신의 학설을 스탈린을 비롯한 공산당 지도부에 팔아넘겼다. 그리고 멘델 이후의 '유전자'설은 오류가 있을 뿐만 아니라 공산주의에 반대하는 '부르주아 사상'이라고 하여, 자신의 학설에 반대하는 학자들을 '부르주아 사상을 가진 자'로서 '반당분자'라며 탄압 숙청되는 운명에 몰아넣었다.

루이센코는 완전한 '사기꾼'이었다고 해야겠지만, 스탈린을 비롯한 공산당 간부는 그의 말을 믿었던 것 같다. 한 가지 이유는 옛 소련의 큰 약점이었던 농업 생산을 크게 향상시키겠다는 그의 약속에 끌렸기 때문이겠지만, 또 다른 이유로 마르크스주의 이데올로기에서는 우연적인 변이에 따른 진화라는 사고방식이 친숙하지 않았다는 점도 있었을 것이다.

마르크스와 엥겔스는 다윈의 진화론에 크게 매료되었고, 마르크스는 '자본론' 제1권을 다윈에게 헌정하려 했으나 거절당했다는 설도 있다. 마르크스와 엥겔스는 진화론이 신에 의한 생물의 창조를 부정하여 무신론을 강화한 것이고, 생존경쟁을 통한 생물의 진화라는 과정이 '계급투쟁'을 통한 인간사회의 발전이라는 사적 유물론의 기본명제와 완전히 평행적이라고 생각했을 것이다. 그들은 당시 많은 지식인과 마찬가지로 '진화'를 '진보'와 동일시했다. 사적 유물론에서 사회의 역사적 발전은 '필연적인 법칙'이라고 생각했으므로, 생물에서도 진화란 저급한 생물에서 고급한 생물로, 최후에는 인간으로 진보하는 필연적인 과정이라고 이해(오해?)하고 있었다. 자본주의에서 사회주의, 공산주의로의 사회 발전이 역사의 필연적인 '진보'를 의미한다는 것은 공산주의에서 가장 중요한 명제이므로, 진화가 진보를 의미한다는 것은 이후 공산당에서도 당연한 이해였다. 따라서 진화의 과정에 우연이 본질적인 요소라는 생각은 공산당으로서 애당초 받아들이기 어려운 것이었음에 틀림없다.

곱셈적 우연이 변화를 만든다

과학에서, 우연이 본질적인 역할을 한다는 사고방식은 가히 혁명적이어서 바로 받아들여지지 않은 게 이상한 일이 아니다. 원자나 간단한 분자가 아무렇게나 운동하다 서로 부딪힌 결과 차츰차츰 단백질을 형성하고 세포를 만들어 수조 개의 세포로 된 생물 개체가 생성되었다고 생각하기는 확실히 어려운 일이고, 그러한 것이 완전히 우연으로 일어났다면 수십억 년의 시간으로는 도저히 부족할 것이다.

우연이라는 것을 주사위와 같은 이미지로 생각하는 한, 그것이 몇억 번 몇조 번 던져진다 해도 거기에서 정교한 생명체 같은 것이 태어난다고 생각하지 못하는 것은 당연하다.

그러나 우연이 축적되는 양식은 우연이 서로 상쇄되는 덧셈적인, 큰수의 법칙과 중심극한정리가 성립하는 것뿐만이 아니다. 2장에서 이미 설명했듯이, 우연의 영향이 서로 상쇄하는 것이 아니라 강화하는 곱셈적인 경우도 존재한다. 그 경우에는 우연의 누적에 따라 특정한 방향으로 점점 변화해 가는 것도 있다.

생물의 진화에서 우연이란 바로 그러한 성질의 것이지만, 19세기는 '큰수의 법칙 시대'였기 때문에 그 사실이 이해되지 않았던 것이다. 또 다윈의 시대에는 아직 유전의 메커니즘을 제대로 알지 못했고 단순히 부모의 특성이 자식에게 전달되는 경향 정도로 막연하게 인식했으므로, 부모가 돌연변이로 새로운 형질을 획득했더라도 그것이 자자손손 전해질 가능성은 적다고 생각되었다.

F. 골턴(1822-1911)은 생물학에 통계적 방법을 적용한 계량생물학의 창시자 중 한 사람이다. 골턴은 부모와 자식의 신체를 조사해, 일반적으로 부모의 키가 평균보다 크면 자식의 키도 크고 부모의 키가 작으면 자식도 작은 경향이 있다는 것을 발견하고, 그 관계의 세기를 나타내는 척도로서 상관계수를 정의했다. 아울러 평균과의 차이는 자식이 부모보다 평균적으로 작다는 사실, 예를 들어 부모의 키가 평균보다 10cm 클 경우 자식의 키도 평균보다 크지만, 평균적으로는 10cm가 아닌 6cm만 크다는 관계를 발견했다. 즉 부모가 평균에서 멀리 떨어져 있어도 자식은 평균 쪽으로 되돌아가는 경향을 발견한 것이다. 골턴은 이 관계를 regression이라고 불렀다.

현재 통계학에서 regression이라는 용어는 '회귀(回歸)'로 번역한다. 그런데 이 번역어에 포함된 '원래대로 돌아간다'라는 의미는 완전히 잃어버렸다. 골턴이 원래 사용한 의미로는 regress는 progress의 반대어이므로, 차라리 한때 사용되었던 '퇴행(退行)'이라는 번역어 쪽이 정확한 의미를 전한다고 생각한다.

만약 유전의 기본원칙이 '퇴행'이라면 돌연변이에 따라 어떤 변이가 생기더라도 그것은 자손 대에서는 없어질 것이고, 새로운 변이가 고정되기 위해서는 같은 방향으로 돌연변이가 반복해서 일어나야 한다. 이러한 일이 일어날 확률은 현저히 낮다고 생각하는 것도 당연하다.

진화에서 우연과 필연

생물의 진화 과정에서 우연적인 변이가 어떻게 일정한 방향으로 진화를 가져오는지는 19세기 말부터의 연구로 점차 밝혀졌다.

먼저 멘델이 발견한 유전법칙은, 유전으로 전해진 형질의 변이는 미소한 연속량의 변화가 아닌 이산적(離散的)인 '유전형질'이라는 것을 밝혀냈다. 20세기 들어 돌연변이도 유전형질의 변화와 결합하여 불연속적으로 일어난다는 것이 알려졌다. 또한 부모가 각각 쌍으로 가지고 있는 유전자의 한쪽이 자식에게 전해져 새로운 쌍을 만드는데, 이때 그 조합이 이루어지는 방식이 확률적으로 무작위로 일어난다는 것이 밝혀졌다. 자연에는 확률적인 메커니즘이 설치되어 있고, 수정(受精) 과정에서 증명되는 것이다.

멘델의 유전법칙에서 자연선택의 작용압력이 기능할 때, 어떤 것이 일어나고 어떤 조건에서 특정 유전형질이 지배적으로 되는가를 밝히는 집단유전학이 시작되어 유전학과 진화론을 연결할 수 있게 되었다.

유전자의 존재는 처음에는 가정되었을 뿐이지만, 세포의 핵 안에 있는 염색체에 존재한다는 것이 밝혀졌다. 또한 유전자의 실체인 DNA의 발견으로 돌연변이 발생의 무작위성이 명확하게 알려졌다. 유전정보는 DNA 분자 안에 있는 네 종류의 염기를 나타내는 '알파벳'으로 표시되는데, DNA 복제 과정에서 일어나는 이른바 '복제 오류'가 세포 수준에서 변이가 일어나는 원인이다. '복제 오류'가 일어나는 원인은 여러 가지가 있을 수 있지만, 모두 우연히 일어나는 것으로 생각된다. 그리고 그 결과는 어떠한 변화도 일어나지 않고 없어지거나 반대로 개체를 죽여 버리는 경우도 있지만, 일부는 새로운 형질을 만들어 내고 그것이 자손에게 전해지는 경우도 있다. 이 경우 하나의 '복제 오류'가 개체의 형질에 큰 변화를 가져오는 경우도 있음이 알려졌다. 즉 돌연변이는 항상 미소한 변화가 쌓여서만 생긴다고 할 수 없다.

DNA에 의한 유전과 변이의 메커니즘을 여기서 자세히 설명할 수 없지만, 다음 세 가지는 중요하다. (1) 돌연변이는 우연히 일어난다. (2) 돌연변이가 일어나는 방향성은 없지만 자연선택의 압력으로 그 축적에는 방향성이 생겨, 그에 따라 '진화'가 일어난다. (3) 유전자에는 여러 수준이 있어서, 어떤 유전자는 다른 유전자의 작용이 발현하는 것을 제어한다. 상위 유전자에서 생긴 돌연변이는 한 번에 큰 형질변화를 가져온다.

이 세 가지를 근거로 진화는 필연적이지만, 진화의 방향은 우연으로 정해진다고 할 수 있다.

진화의 결과는 환경에 적응하는 것이어야 하지만 그 적응 방식에는 무한한 가능성이 있고, 따라서 진화의 결과로 발생하는 생물의 존재 형태에도 무한한 가능성이 있다. 유전정보를 DNA에 의해 전달하는 시스템을 공유하면서 지상에 다종다양한 생물이 존재한다는 것은 이러한 의미에서 '우연의 필연적인 산물'인 것이다. 그리고 생물의 존재양식의 가능성은 절대로 다하지 않았으므로 앞으로도 새로운 종이 얼마든지 발생할 수 있고, 또 환경의 변화로 현재 적응하고 있는 종이 멸종하는 일도 일어날 것이다.

생명의 기원

DNA에 의한 유전정보 전달시스템이 어떻게 형성되었는지에 대해서는 아직 알려지지 않았다. 우주에서 만들어진 H, C, O, N과 같은 원자 또는 그것들이 결합한 H_2O, CO_2 등의 간단한 분자가 우주공간 또는 지구나 다른 행성에서 우연히 충돌하여 DNA 분자를 만들어 내고, 그것이 다시 정보전달 기능을 가지게 되었다는 것은 극히 일어나기 힘든 일이라고 생각된다. 이에 관해서는 역시 미지의 요인이 존재한다고도 생각되지만, 완전히 우연일지도 모른다.

DNA 정보 시스템이 형성되는 확률이 극단적으로 낮고, 생물의 발생이 광대한 우주 안의 이 작은 지구라는 천체 위에서 단 한 번 일어났다는 것, 따라서 생물과 인간의 존재가 참으로 희귀한 우연에 의존하고 있다는 사실은 받아들이기 어려울지 모른다. 그러나 확률이 극히 낮은 사건이 기나긴 시간 속에서 단 한 번 일어나는 일이 과학적으로 불가능한 것은 아니고, 일어난 곳이 이 지구라는 것도 특별한 일은 아니다.

해답은 앞으로 과학의 진보를 기다리는 수밖에 없다.

02
역사에서 우연과 필연

오늘부터 대혁명이 시작됐다?

생물의 진화 과정에서 우연과 필연의 관계, 이를테면 얽히고설킴은 인간사회 역사에서도 이야기할 수 있다.

역사 속 우연과 필연의 문제를 생각하려면, 먼저 역사에서 필연이란 무엇을 의미하는가를 새롭게 생각해 볼 필요가 있다. 그것은 역사란 무엇인가 하는 문제와 연결되어 있다.

역사는 과거 사실의 기록이다. 그러나 단지 일어난 사실을 시간상으로 나열한 것이 역사는 아니다. 과거에 관한 기술이 역사가 되려면, 과거 사실이 일정한 구조로 재구성되고 어떠한 줄거리가 주어져야 한다. 그렇게 재구성된 사실이 역사상 사건으로 불리는 것이다.

우리는 1789년 7월 14일 파리에서 시작된 일련의 사실을 '프랑스 대혁명'이라고 부르지만, 후세 사람들이 일련의 사실을 하나로 합쳐서 붙인 이름일 뿐, 그 당시 사람들은 그날 "오늘부터 프랑스 대혁명이 시작됐다."라고 생각하지 않았을 것이다.

이러한 역사상 사건에는 시간적, 공간적으로 넓은 범위에 걸쳐서 다수의 사실을 포함한 대사건부터 한정된 작은 사건까지 여러 가지 수준이 있다. 바스티유 습격이나 국왕 루이 16세의 처형 등은 프랑스 대혁명이라는 대사건의 일부를 이루는 사건이다.

역사란 이러한 사건들끼리, 또한 그때 존재한 사회 시스템이나 사람들이 가지고 있는 관념 등과 구조적으로 연결하여 기술한 것이다.

역사에 '만약'은 금물일까

역사의 필연성이란 어떤 사건 A와 선행하는 사건 B(또는 그때의 상황 X)의 관련이 필연적이라는 것, 즉 B가 일어나면 (또는 X 아래에서는) 반드시 A가 일어난다는 것을 의미한다. 만약 B가 일어나도 (또는 X 아래에서도) 반드시 A가 일어난다고 할 수 없다면, 그 관련은 우연이다.

실제로 역사에서 B가 일어나고 이어서 A가 일어났을 때, "A가 일어나지 않을 수도 있었다."라고 상상하는 것은 역사상의 사실에 반하는 일을 상정하는 것이다. 학문적인 역사에서 '역사상의 만약',

즉 '역사상 사건이 사실과 달랐다면'이라는 상상은 허용되지 않는다는 요구에 반하는 일인지도 모른다.

그러나 만약 이 요구를 엄격하게 지키려면, 역사에서 '인과관계'를 논하는 것도 허용되지 않는다. "B가 A의 원인이었다."라고 기술하는 것은 "만약 B가 일어나지 않았다면 A는 일어나지 않았을 것이다."라는 뜻이기 때문이다.

그러면 역사상 우연이란, 역사의 기술에서 그 일이 충분히 일어나지 않을 수 있었다고 상상이 되는 사실을 말하는 것이다. 물론 우연의 일반적인 정의와 일치하지만, 중요한 것은 역사상 우연은 출발점이 되어 필연적으로 다음 사건을 만들어낸다는 점이다. 만약 그렇지 않다면 틀림없이 역사에 기록되지 않고 사라져 버렸을 것이다. 역사상 우연이란 생물의 진화 과정에서 때마침 새로운 형질을 만들어낸 돌연변이와 같은 것이다.

그러나 우연히 일어난 사건 B가 차례로 A, L, U 등을 필연적으로 불러오려면 일정한 조건이 필요하다. 그 조건을 규정하는 것이 역사의 필연성이다.

역사의 필연은 우연을 매개로

원래 역사의 필연성이란 단지 개별 사건 간의 필연적인 연관만을 말하는 것은 아니다. '대문자로 쓰인 필연'• 이라는 것은 그것을 뛰어넘어 필연적인 관계의 존재 형태를 결정하는 것으로 생각된다. 오히려 우연에서 발생한 필연을 불러오는 것 또는 우연에서 발생한 필연에 방향성을 주는 것으로 생각된다. 이는 생물의 돌연변이에서 자연선택을 통해 진화의 필연이 생기는 것과 통한다.

역사의 필연성은 물리법칙의 필연성과 이질적인 것이다. 역사는 무한히 다양한 조건 속에서 수많은 사람이 각각 주체적으로 행동한 결과로 발생한 무수한 사건으로 만들어지는 것이고, 그 사건의 연관에서 생긴 일정한 방향성이 필연성이 되는 것이지, 처음부터 사람들의 행동이나 사건의 연관 속에 역사적 법칙성이 잠재하는 것은 아니다.

역사상 우연은 필연성의 구체적 표출 방식을 규정하거나 그 속도를 바꾸기도 한다. 그러한 의미에서 역사의 필연은 우연을 매개로 나타난다고 해야 한다.

영웅사관은 우연사관

현실의 역사 과정을 구체적으로 보면 우연이라고 할 수밖에 없는 요인이 크게 작용하고 있다.

• 알파벳으로 역사적 사실이나 신(神)을 쓸 때, 또는 강조할 때 등에 대문자를 사용하므로 '대문자로 쓰인 필연'이란 '역사적 필연', '절대적 필연'으로 이해할 수 있다.

예로부터 역사에서는 알렉산더 대왕, 줄리어스 시저, 나폴레옹 또는 진시황, 칭기즈칸 등 영웅이 역사를 만들었다고 기술하고 있다. 이러한 관점을 따르면 '영웅'은 그 시대 보통 인간을 넘어선 존재로서, 말하자면 '돌연변이'를 의미하는 것이고 그러한 사람이 출현하는 것은 우연이라고밖에 할 수 없다. 따라서 영웅이 역사를 만든다고 생각하는 '영웅사관'은 어떤 의미로는 '우연 사관'이라고 해도 좋을 것이다.

이에 반해 어떤 형태로든 '필연 사관'을 취하는 사람들은 역사상 '영웅'이란 결국 각각 그 시대의 사회적 상황 속에서 생겨나는 것이어서, 그들 스스로 충분한 의식을 하지 않은 상태에서 역사를 필연적인 방향으로 추진하는 데 공헌하는 것이라고 주장했다. 예를 들어 나폴레옹이 태어나지 않았더라도, 프랑스 혁명의 혼란 중에 해방된 프랑스 국민의 에너지를 퍼올려 새로운 사회질서를 건설하기 위해 강한 지도력을 발휘하는 또 다른 '영웅'이 틀림없이 나타났을 것이라고 한다. 즉 특정 시대에는 '영웅'이 나타나는 것도 '역사의 필연성'의 일부라고 주장한다.

나폴레옹이 다른 시대에 태어났다면

나는 역사 속에서 우연적 요인이 사실은 크게 작용한다고 생각한다. 우연적 요인에는 그 사회에서 영향력을 가진 사람들의 개성과 특정한 장면에서의 결단, 자연재해나 질병 또는 특정한 시기의 기후나 기상 등이 포함된다. 이 요인들 각각은 완전히 우연으로 생긴 것이 아니라 무언가 이유가 있어 발생한 것이라 하더라도, 당시 사회의 역사적 맥락과 전혀 또는 거의 관계가 없고 특정한 시간, 장소에서 일어날 만한 어떠한 이유도 없다고 한다면, 역사에 대해서 우연이라고밖에 말할 수 없다.

그러나 이러한 우연적 요인이 역사에 어떠한 영향을 미치느냐(또는 영향을 남기지 않고 사라져 버리느냐)는 당시 역사적 상황에 강하게 제약된다. 만약 나폴레옹이 다른 시대에 태어났다면 코르시카라는 시골 출신의 우수한 장교로서 적당히 출세하는 정도로 끝났을 것이다.

20세기 역사의 우연과 필연

21세기인 현재 시점에서 돌이켜보면서, 20세기 역사에서 무엇이 필연이고 무엇이 우연이었는지 확인할 필요가 있다. 21세기 역사에서의 필연성의 방향과 발생할 우연성을 예상하는 것과 연결되어 있기 때문이다.

20세기 역사에는 커다란 필연성의 흐름과 함께, 역사의 움직임을 크게 좌우한 우연적인 요소가 존재했다는 사실을 알 수 있다.

20세기 세계의 기본적인 흐름, 그 필연성을 나타내는 것은 한마

디로 말하자면 세계의 '근대화'라고 할 수 있다. 여기서 '근대화'란 무엇인가를 깊게 논할 생각은 없지만, 경제적으로는 공업화와 성장, 정치적으로는 중앙집권국가의 성립과 법의 지배, 사회적으로 신분제의 폐지, 그리고 그 구동력인 과학기술(과학에 기초한 기술)의 발전을 의미한다고 정의할 수 있다. 서구에서는 이러한 근대화 과정이 16세기경에 시작되어 19세기에는 일단 명확한 모양을 갖추었다. 근대화는 19세기 후반 서양 여러 국가에 월등한 군사력과 경제력을 가져다주었고, 20세기 초반에는 영국을 선두로 한 서양 제국주의 국가들이 세계 전체를 거의 지배하기에 이르렀다는 것은 여기에서 다시 언급할 필요가 없을 것이다.

동시에 '근대화'된 서양 국가의 압도적인 힘을 깨달은 세계 다른 지역 사람들은 각자의 나라를 '근대화'해야 한다는 것을 절실히 느꼈다.

20세기 초는 제국주의의 절정기였지만, 20세기 역사의 전 과정은 제국주의의 해체, 세계 전체의 근대화 추진 과정이었다고 할 수 있다.

그러나 전체적인 큰 흐름 안에서 구체적인 역사의 진행 과정에는 여러 가지 형태의 우연이 강력한 영향을 미쳤다고 생각한다.

이 시대는 레닌, 스탈린, 히틀러, 무솔리니, 마오쩌둥 또는 처칠, 프랭클린 루스벨트, 간디와 같은 '역사상 거인'이 다수 출현하여 역사의 경과에 큰 영향을 준 시대였다. 이러한 인물이 나타나서 역사에 영향을 남길 수 있었던 것은, 이 시기의 세계가 불안정하고 사회가 쉽게 변화하며, 그 변화의 방향이 지도적 지위에 있는 인물의 개성이나 판단 등의 우연적 사정에 영향받기 쉬웠다는 것이다. 또한 제1차 세계대전으로 인해 제국주의 체제가 동요하는 상황이었다는 점도 큰 요인이었다.

제2차 세계대전 후 세계의 결정적 조류는 서양 제국주의의 해체였다. 그 과정에서 많은 전쟁 또는 내전이 일어나 일부에서는 아직도 혼란 상태가 이어지고 있지만, 적어도 세계 대부분에서 형태적으로는 근대적인 국가체제가 성립했다.

또한 비유럽 국가들의 정치적 독립 달성과 근대적인 국가체제의 확립이 각 국가의 '근대화' 제1 단계라면, 과학기술을 흡수하고 공업화와 경제발전으로 국가의 경제력과 국민의 생활 수준을 높여 서양 선진국을 따라잡는 것이 제2 단계였다. 이 점에서 처음으로 성공한 나라가 (근대화의 제1 단계와 마찬가지로) 전쟁 후 고도성장기의 일본이었다. 비백인 국가가 서양을 따라잡는 것은 불가능하다고 믿고 있던 '미신'을 타파한 것이었지만, 그래도 여전히 일본은 예외이고 '특수'하다고 여겨졌다. 그러나 1980년 이후 한국을 시작으로, 21세기 들어 중국이 과거의 일본 이상으로 맹렬한 경제성장을 이어가고, 인도, 브라질 등의 나라들도 고도성장을 시작했다. 이러한 사실은 경제적 근대화로 선진국 수준을 따라잡는 것이 세계 전체에 공통된 보편적 필연성이라는 것을 증명한다고 생각한다.

자본주의·민족국가의 앞날

'근대화' 과정은 아직 끝나지 않았지만, 장기적으로 보면 19세기 중반부터 21세기 중반에 이르는 2백 년간을 '세계 근대화 시대'라고 특징지을 수 있다. 앞으로도 여전히 많은 분쟁이나 혼란이 일어날지도 모른다. 그리고 여러 가지 우연이 역사의 과정을 좌우하는 일도 일어날 것이다. 그러나 경제성장과 생활 수준의 향상, 그에 동반하는 정치의 민주화가 필연적인 방향이라는 것은 분명하다. 물론 그것으로 모든 문제가 해결되는 것은 아니다. 특히 유한한 지구 위에 사는 인류에게 자원문제와 환경문제를 해결하는 것이 중대한 과제가 되었다.

세계화한 자본주의 시장경제와 주권 민족국가를 기초로 한 정치 시스템이라는 이원구조가 그대로 존속 가능할 것인지도 문제이다. '자본주의에서 사회주의, 공산주의로'의 경로가 역사적 필연이라는 교의는 신용을 잃었지만, 프랜시스 후쿠야마가 말하는 것처럼 "자본주의 시장경제가 역사의 종점이다."라는 사고방식도 받아들이기 힘들다. 자본주의 시장경제가 좁은 의미의 '효율성'에서는 매우 뛰어나지만, 많은 결점과 모순을 가지고 있는 것도 명백하기 때문이다. 또한 정치적 민주주의가 필연적인 방향이라고 해도 그것이 주권 민족국가를 단위로 해야 한다는 필연성은 없다. 민족주의가 많은 사람을 고무하는 한편, 많은 파괴와 분쟁 그리고 비극을 낳는다는 것은 20세기 역사가 생생하게 보여주고 있다.

필연성이 모든 것을 결정한다면

역사에서 필연과 우연의 문제는 역사적 상황에서 인간의 주체적인 결정과 그에 대한 책임 문제와 관련된다.

만약 필연성이 모든 것을 결정한다면 개인이나 집단에 선택의 여지는 없다. 혹은 필연성에 대항하는 결단을 했다고 해도 결국 무효가 되어 목표는 실현할 수 없을 것이다. 그렇게 되면 개인과 집단의 주체적인 결정이 역사에 미치는 영향은 없고, 만약 그 결정이 실현된다고 해도 사실 개인과 집단은 그저 필연성을 실현하기 위한 도구에 지나지 않을 것이다. 이러면 개인과 집단에 역사에 대한 책임을 물을 수는 없을 것이다.

그러나 이미 설명한 것처럼, 역사는 그 '필연성'과 순수하게 외부적인 우발 사건(자연재해 등)만으로 결정되는 것이 아니고, 역사에서 우연이라고밖에 할 수 없는 개인이나 특정 집단의 행동 또는 결정에 크게 영향받는 일이 있다. 바꿔 말하면, 그러한 개인과 집단에 역사적 책임 또는 역사적 공적이 있다는 것을 의미한다.

레닌은 러시아 혁명에, 스탈린은 소비에트 연방의 압제정치에, 히틀러는 제2차 대전과 홀로코스트에, 마오쩌둥은 중국 공산당의 승리와 신정권수립 후의 혼란에 각각 역사적 책임이 있다. 이때 '책임'이 '악'에 대한 책임을 의미하는지 공적을 의미하는지는 역사적 사실에 대한 가치판단에 의존하지만, 이 사람들이 관련된 역사적 사건이 필연적이라고 해서 그 책임을 면제할 수는 없다.

무지에서 비롯된 결단

최근 일본의 과거 행동에 대한 '역사인식' 문제에 관한 논의가 있다. 특히 중국이나 한국 등에서 자주 제기하는 '역사인식'에 관해서는 논쟁이 벌어지고 있다. 단순히 과거에 일어난 사실의 검증에 그친다면, 논의가 생길 가능성은 있어도 대립이 생길 여지는 적다. 문제는 '역사인식'이 사실의 확인에 그치지 않고 그에 대한 가치평가를 동반하는 데서 생긴다.

가치평가의 기준이 사람에 따라 처지에 따라 다른 것은 어쩔 수 없다. 특히 현대에는 각 나라의 역사가 단순히 과거 사실의 흐름이 아니라 민족공유의 '기억'인 이상, 자국 또는 자민족 중심의 가치관이 반영되는 것은 어쩔 수 없다. 옛날의 '전쟁'이 이긴 나라에는 영광의 기억으로, 진 쪽에는 굴욕의 기억으로 남는 것은 당연하다. 그러나 국제사회에서 각 나라, 각 민족의 처지를 뛰어넘는 공통의 가

치기준이 없으면 역사인식을 공유하는 것은 불가능하다.

다른 말로 하면, 역사관의 차이는 역사에서 우연을 사후적으로 어떻게 평가할 것인가, 그것을 일으킨 우연적인 요인에 관해 어떻게 논평할 것인가 하는 문제에서 비롯된다고 생각한다. 거기에는 일원적인 평가기준이 존재할 수 없으므로, 객관적인 논리에 따라 결론지어지는 것이 아니다.

그러나 그 대립이 국가 간, 민족 간의 분쟁, 더욱이 전쟁을 일으키는 것이면 크나큰 비극이므로 서로 상대방의 처지를 인정하며 타협할 필요가 있다.

중요한 점은 역사적 사건이 어떤 국가나 민족의 '본성'에서 필연적으로 생긴 일이라고 생각하지 않는 것이다. 이는 자국과 자민족은 본질에서 '선' 또는 '우수'하고, 타국과 타민족은 본질에서 '악' 또는 '열등'하다는 사고방식을 만들어낸다. 하지만 역사의 경과 안에서 이러한 국가와 민족의 '본성'이라는 것은 공허한 개념이고, 역사가 많은 외적인 우연 조건에 좌우된다는 것, 또한 많은 사람의 결단이나 행동도 역사적 조건에 대한 '무지(無知)'에서 이루어졌음을 아는 것은, 역사에 관련된 나라와 다른 민족의 처지를 상대화하는 데에 도움이 된다고 생각한다.

03
인간의 자유의지와 우연

자유의지와 큰수의 법칙

인간의 마음에 필연이 존재하는가는 오래된 문제이다. 마음과 신체를 분리한 이원론을 주창한 데카르트는 신체는 물질로서 과학적 법칙을 따르지만, 마음은 신과 통하는 것으로서 별개의 필연성을 가진다고 생각했다.

신의 존재와 심신이원론을 부정한 18세기 유물론자는 인간 마음의 독자성을 부정하고 '인간기계론'을 주창했다.

그러나 인간이 물리적인 법칙을 따르는 기계와 완전히 같다면 인간 의지의 자유는 존재하지 않는다. 인간의 주체성이란 한낱 환영(幻影)이 되고 만다.

물론 밖에서 볼 때 인간의 행동에는 확실한 규칙성이 있고, 규칙성 자체가 자유의지의 존재를 부정하는 것은 아니다. 인간이 일정한 조건에서 자유로운 의지로 합리적인 결정을 한다면, 밖에서 볼 때 그 행동은 많은 경우 일정한 패턴을 따를 것이며 어느 정도 예측도 가능할 것이다. 자유란 무언가 엉뚱한 행동을 하거나 제멋대로 구는 것이 아니다. 그러므로 인간의 행동에 대해 큰수의 법칙이 성립하는 것은 인간의 자유를 부정하는 것이 아니다.

예측할 수 없는 인간의 마음

인간의 행동은 심리학과 사회학, 또는 최근에 유행하는 뇌과학이 충분히 발달하면 완전하게 이해하거나 예측할 수 있을까. 거꾸로 말하면, 인간의 행동을 충분히 예측할 수 없는 것은 심리학, 사회학, 뇌과학이 아직 발달하지 않아서, 또는 대상이 되는 인간에 대한 관측 데이터가 부족할 뿐이라고 말할 수 있을까. 그러면 '마음'을 가진 인간도 자연과학의 대상과 원리적인 차이는 없는 것인데, 과연 그럴까?

그렇다면 인간은 결국 '무의식'이나 '본능' 그 밖의 여러 가지, 또는 뇌 속의 전류나 화학물질이 조종하는 인형에 지나지 않는다. 그래서 인간이 자신의 자유의지로 행동한다고 생각하는 경우에도, "만약 돌에 의식이 있다면, 던져진 돌은 자신의 의지로 난다고 생각할 것이다."라는 말과 마찬가지로 단순한 환상일 것이다. 혹은 이 경우도 일찍이 마르크스주의자가 말한 것처럼 "객관적 필연성을 인식하고 그것을 따르는 것이 자유이다."라고 한다면, 사람이 자신의 '마음'을 지배하는 법칙을 이해하고 거기에 따르는 것이 '자유' 일까?

"자유란 필연의 인식이다."라는 말은 자신의 신체를 포함하여 자신 밖에 있는 것에 대해서 성립하는 것이고, 자연과학적 필연을 이해하는 것은 자유로운 행동의 전제이다. 그러나 '자기' 그 자체에 대해, 왜 자신이 그러한 마음을 가졌는가를 이해하는 것이 '자유'라는 것은 자기모순일 뿐이다. 원래 공산주의자들이 이 말을 강조했을 때에는, '역사의 필연성'을 인식한다고 자인하는 자신의 의지를 사회에 강요하는 핑계로 쓴 것이다.

그것은 역시 '자유'가 아니라고 나는 생각한다. 인간은 '심리법칙'이나 '뇌과학'이 조종하는 인형이 아니다. 사람의 '마음' 또는 밖으로 드러나는 행동에는 외부에서 완전히 예측할 수 없는 부분이 남을 것이다. 외부에서는 그것을 '우연'이라고 인식할지도 모른다. 그러나 그저 '터무니없는 충동' 따위를 따르는 것은 절대 아니다.

내면적 필연성과 우연

마음에서 예측할 수 없는 부분이란 '부주의'나 '착각'에 따른 행동의 흔들림, 이를테면 오차 같은 것도 아니라고 생각한다. 물론 그러한 요소도 인간행동 안에 포함되어 있지만 그것만은 아니다. 어떤 사람의 행동이 '평균'에서 벗어난 것은, 그 사람으로서는 오히려 숙고 끝에 내린 결단일지도 모른다. 그러나 그러한 내면적 필연성은 그 사람 고유의 것이고 행동주의적 심리학이나 뇌과학에서 도출할 수 있는 것은 아니라고 생각한다.

혹은 이 '내면적 필연성'도 심층심리학의 연구대상이 될 수 있고, 본인이 의식하지 않는 '무의식'이나 '심층 심리'의 산물이어서 과학적 필연성을 따른다고 주장할 수도 있다. 그러나 나는 프로이트나 융의 심리학은 엄밀한 의미의 과학은 아니라고 생각한다. '무의식'이나 '심층 심리'는 과학적으로 객관적인 대상으로서 검증할 수 없기 때문이다. 따라서 인간의 행동을 그러한 개념으로 설명했다고 해도 그에 따라 행동의 필연성이 드러나는 것은 아니라고 본다. 과학적인 분석의 대상으로서 파악하는 한, 인간의 행동에는 설명이나 예측할 수 없는 부분이 남는다. 밖에서 볼 때 그 부분은 우연이라고 밖에 파악할 수 없지만, 본인으로서는 내면적 필연성을 따른 것이고 또한 본인의 '주체성' 또는 '자유'를 나타내는 것으로 생각한다.

이러한 내면적 필연성은 예술 특히 문학의 대상이 된다. 예술은 때때로 인간은 '불합리'한 행동을 하거나 해야 한다는 것을 보여준다. 그러나 이는 과학적 설명과는 별개의 것이다.

뇌과학은 내면적 필연성을 해명할까

최근 뇌과학에서 뇌 내부의 관측과 실험기술이 크게 진보하여, 인간의 의식이나 마음의 움직임에 대응하는 뇌 내부의 전류나 화학 변화의 양상이 상당히 자세하게 파악되었다. 이러한 뇌과학의 진보가 계속되면 인간의 의식이나 마음이 완전히 해명될까?

나로서는 의문이다. 인간 의식의 움직임과 뇌 내부의 물리적, 화학적 변화 사이에 완전한 대응이 이루어진다고 하더라도, 그러한 변화와 '마음의 움직임'은 별개의 것이므로 물질적 변화를 결정하는 법칙성으로 '마음의 움직임'을 완전히 예측할 수 없을 것이다. 즉 과학적 법칙성의 관점에서는 '마음의 움직임'에 대해서 우연이라고밖에 할 수 없는 부분이 남을 것이다. 또는 과학적 관점에서는 우연이라고 해야 할 뇌 안의 물질적 변화를 동기로 '마음의 움직임'이 일어나고, 이것이 우연성의 누적적 변화를 일으켜 그 사람의 '내면적 필연성'을 만들어낼지도 모른다.

이러한 것에 관해 이리저리 상상하는 것이 가치 없는 일일지도 모르지만, '마음의 과학'이 발달하면 인간의 심리와 관련된 본질적인 우연성이 발견되고, 이 우연성이 인간의 자유나 주체성의 문제와 깊이 연관되지 않을까 생각한다. 지금으로서는 인간행동 가운데 각자의 주체적인 판단과 결의에 따라 행동할 자유가 있고, 과학적 분석에서는 이를 우연으로밖에 표현할 수 없다고 마무리하자.

5장

우연의 지배에서 벗어나기

자유주의 경제학자들이 말하는 것처럼
사회복지는 '우수한 사람들'의 희생으로
'열등한 사람들'을 구하는 것이 아니라
'우연' 이 가져오는 '운' '불운'의 영향을 될 수 있는 한 작게 하는 것,
이를 위해 '운 좋은' 사람들이 그 행운의 일부를
'불운'한 사람들과 나누는 것이라고 이해해야 한다.

01
행운과 불운

우연은 본디 부조리한 것

우연을 확률론 모형에 따라 수학적으로 파악하고 이에 기초하여 기대이익(또는 기대효용)을 최대로 하는 방법을 구하는, '불확실성 하에서의 의사결정 이론'을 구축함으로써 사람은 우연이라는 '변덕스러운' 요소를 배제하고 합리적으로 행동할 수 있게 되었다고 한다.

또한 확률이나 기대효용의 계산에 기초하여 행동함으로써 사람은 까닭 모를 '운명'이나 '인연'에서 벗어나거나, '운' '불운'이라는 비합리적인 개념을 떨쳐낼 수 있게 되었다고 한다.

그러나 확률이 낮은 일이 일어나기도 하고 현실의 결과가 기댓값대로 되지 않는 일도 적지 않다. 충분히 주의 깊게 행동하여 재난을 입을 확률이 낮았음에도 '운 나쁘게' 사고를 당한다든가, 아무 생각 없이 복권을 샀더니 천만 원에 당첨되는 일은 인생에서 종종 일어난다. 이럴 때 확률계산이 맞았으므로 사고를 당해도 후회하거나 슬퍼할 필요는 없다든지, 복권의 기대 획득 금액은 마이너스이므로 복권을 산 것은 잘못한 일이고 천만 원에 당첨되었어도 기뻐해서는 안 된다는 따위는 부질없는 말이다.

본디 '확률'이란 순수하게 우연의 크기를 표현한 것이므로 그 이상을 추구할 수는 없다. 따라서 동일한 확률의 예보 가운데 어느 쪽이 발생해도 거기에는 '아무런 이유가 없다'. 또는 확률이 낮은 일이 일어났다고 해도 어찌 그리되었다는 이유는 존재하지 않는다. 교통사고 등의 경우는 사후적으로, 예를 들어 운전자의 부주의, 도로의 상태 등 여러 가지 원인이 해명되어 책임을 따질 수도 있다. 그 결과 그 장소에서 사고가 일어난 것이 '필연적이었다'고 해도, 왜 자신이 그때 그 장소에서 사고를 당해야만 했는가는 여전히 이해할 수 없을 것이다.

우연이라는 것은 본래 불합리 또는 '부조리'한 것이다. 따라서 자신에게 좋은 우연은 '행운'이고 나쁜 우연은 '불운'이라고밖에 말할 수 없다.

법칙이 없는 행운과 불운

사람은 살아가는 동안 많은 우연의 영향을 받을 수밖에 없다. 이때

될 수 있는 한 사전에 확률을 자세하게 계산해, 여러 가지 상황이 가져오는 효용을 추정하고, 기대효용이 최대가 되도록 행동하는 것이 합리적이라고 할 수 있다. 또한 보험과 같은 제도를 이용해 큰 '불운'을 당했을 때 가능한 한 손해를 줄이려는 노력도 필요하다.

그래도 '행운'이나 '불행'과의 만남을 피할 수는 없다. 인생에서 '운' '불운'은 각각 일회적인 것이고, 상쇄되는 것이 아니므로 큰수의 법칙은 성립하지 않는다. '불확실성하에서의 의사결정 이론'이 불충분하기 때문이 아니라, 실은 그 이론 자체에 '운' '불운'이 내재하는 것이다. 그리고 사후 결과로서 '운' '불운'을 어떻게 다루느냐와 사전에 그것을 어떻게 처리하느냐는 또 다른 문제이다.

'운'이나 '불운'을 피할 수는 없어도, '행운'에서 최대한 많은 기쁨을 찾고 '불운'이 가져오는 '참혹함'이나 '슬픔'은 될 수 있으면 적게 하는 것, 때에 따라서는 '전화위복'이 되도록 하는 것은 각자 개인의 노력에 해당하는 부분이다. 이러한 문제에 관해서는 많은 인생론, 철학 또는 종교 서적에 나와 있으므로 여기서는 깊이 다루지 않겠다. 다만 이러한 문제는 '과학적'으로 해결할 수 있는 것이 아니라는 사실만은 강조해두고 싶다.

'운' '불운'을 나누다

또 한 가지 중요한 것은 '운'이나 '불운'은 타인과 함께 나눌 수 있다는 사실이다. 지인에게 '불운'한 일이 생겼다는 소식을 들으면 '위로'의 말을 건네고 '위로의 선물'을 보내거나 돕겠다고 나선다. 또 큰 재해가 일어났을 때에는 손해를 입은 사람과 아무 관계도 없는 사람들이 많은 기부를 하는 경우가 적지 않다. 이는 사람들이 타인의 '불운'을 슬퍼해야 하는 일로 받아들여, 피해자들이 짊어질 부담을 나눠 가짐으로써 그 사람의 '불행'을 조금이라도 덜어주고자 하는 바람을 갖고 있기 때문이다. 실제로 이러한 친절이나 동정으로 위로받아서 피해가 줄어드는 것은 아니어도 거기에서 생기는 '불행'이나 '비참함'은 줄일 수 있다. 또 도움을 주는 사람은 약간의 금전이나 노동을 부담함으로써 타인에게서 감사를 받으면 만족을 느낄 것이다.

즉 '불운'을 나눔으로써 불운을 불러오는 우연을 피할 수는 없어도, 거기서 생기는 '불행'을 작게 할 수는 있다.

우연이 독자적 인생을 만든다

인간은 그 출발점도, 살아가는 과정도, 그리고 그 결말도 큰 '우연'으로 규정되는데, 인생이라는 것의 근원적인 '부조리'라고 해야 할 것이다. 이는 어떻게 할 수 없는 일이고, 자신의 몫으로 받아들여 최대한 노력하는 것 말고는 달리 살아갈 방법이 없다.

그러나 생각을 바꿔보면, 인간이 서로 다른 유전자를 가지고 다른 환경에서 태어나 다른 우연과 만나는 것이, 한 사람 한 사람의 인생을 독자적인 것으로 만들고 가치 있게 한다. 이것이 타인의 인생을 존중해야 하는 까닭이다.

인생에서 우연의 의미를 인식하는 것은 중요하다. 최근 이른바 자유주의 경제학의 모형에서는, 인간은 모두 '합리적이며 완전한 이기주의자'이고 생애에 얻는 효용(개인적 욕망의 만족도)의 누계치, 더 자세히 말하면 '시간 가치로 할인한' 기댓값을 최대화하도록 행동하는 존재로 보고 있다. 그리고 이러한 개인이 '시장'에서 자유롭게 경쟁함에 따라 전체로서 '최적'인 조건이 실현된다고 한다.

그러나 개인적 욕망의 만족이라는 세계에 틀어박힌다는 것은 개인을 지배하는 '우연'에 완전히 지배당하는 것을 의미한다. 아무리 기댓값을 계산해 '합리적'으로 행동해도 '운' '불운'을 벗어날 수 없다는 것은 반복해서 설명한 대로다.

다행히 인간은 개인의 감각적 욕망의 세계에만 갇혀 있지 않는다. 인간은 상상력과 감수성을 가지고 있으며, 현재의 감각 세계를 넘어 바깥 세계를 상상하거나 다른 사람의 마음에 공감할 수 있다. 그것이 현실 세계에서 '우연의 지배'로부터 벗어나는 방법이다. 인간에게 개인적 욕망의 만족만이 전부라는 것은 극단적으로 빈약한 인간관이다.

사회복지는 행운의 일부를 나누는 것

또한 자유주의 경제학자는 자유로운 시장경쟁의 결과는 모두 자기 책임이며, 이에 관해 불만을 말하거나 이를 바로잡도록 정부의 개입을 요구하는 것은 '시장의 효율성'을 해치는 것이라고 한다. 그러나 어떤 사회에서도 인간이 부모에게서 받은 유전자나 태어난 환경에 크게 영향받는 것들은 대부분 우연이라고 할 수 있다. '시장경쟁'의 결과 또한 많은 '우연'에 영향받는 것이라면, 그 결과를 언제나 개인의 책임으로 돌려야 한다는 말도 성립하지 않는다.

'운'이나 '불운'은 결국 개인 스스로 받아들여야 한다고 해도, 사회에서 자신의 '행운'은 당연히 자신의 권리이고 타인의 '불운'은 그 사람의 '자기 책임'이어서 알 바 아니라고 하는 것은 도의적으로 정당하다고 할 수 없다. '운' '불운'을 타인과 나눔으로써 '우연의 지배'를 완화해야 하는 건 아닐까. 그리고 그것이 사람들 사이의 공감을 키워준다면, 단순히 주는 사람의 마이너스가 받는 사람의 플러스와 같아지는 제로섬(zero-sum) 게임이 아니라 사람들의 만족감의 합을 증대시키는 플러스섬(plus-sum) 게임이 된다.

실제로 사람들은 자연재해 등으로 손해를 입은 이들에게 기꺼이 도와주는 경우가 많다. 이 경우는 손해를 입은 것이 그 사람들의 '자기 책임'이라고 할 수 없음이 명백하지만, 질병, 실업 등의 경우에도 자기 책임이라고 할 수 없는 '불운'한 경우가 많다. 이에 대해 '운 좋게도' 그러한 일을 모면한 사람들이 부담해서 사회적 구제, 보장 조치를 취하는 것은 정당하다. 어떠한 경우에도 모든 사람에게 인간으로서 필요한 생활조건이 보장되어야 하고 그 비용을 좀 더 운 좋은 사람들이 부담해야 한다는 사회복지국가의 이념이, 최근에는 잊혀 가고 때로는 자유주의 경제학자들에 의해 명확하게 거부되고 있다. 그러나 자유주의 경제학자들이 말하는 것처럼 '우수한 사람들'의 희생으로 '열등한 사람들'을 구하는 것이 아니라, '우연'이 가져오는 '운' '불운'의 영향을 될 수 있는 한 작게 하는 것, 이를 위해 '운 좋은' 사람들이 그 행운의 일부를 '불운'한 사람들과 나누는 것이라고 이해해야 한다.

02
사고의 책임과 '불운'의 분배

우연한 사고의 책임

어떤 사람이 행동한 결과가 다른 사람에게 이익이나 손해를 주는 일은 종종 일어난다. 만약 그 일이 명확한 의도를 가지고 행동한 결과로 필연적으로 일어난 일이라면, 그 일을 한 사람은 이익을 얻은 사람에게서 보수를 요구할 수 있고, 손해를 끼쳤다면 불법행위로서 손해배상을 해야 하며, 때에 따라서는 형법상의 범죄로서 벌을 받을 수도 있다.

그러나 세상에는 의도하지 않고 한 일로 어쩌다가 타인에게 피해를 주는 결과를 초래하는 일도 적지 않다. 또는 의도한 목적과 전혀 다른 효과가 생겨서 남에게 예기치 못한 손해를 끼치는 일도 있다.

사고란 사람이 특정한 목적을 가지고 한 행위에 대하여, 무엇인가 예상할 수 없었던 사정이 발생한 결과 자신이나 타인에게 피해가 생기는 일을 말한다.

객관적으로 보면 이러한 사고는 우연히 일어났다고 할 수 있지만, 한편으로 그 사람의 행위가 아니면 사고가 일어나지 않았을 게 확실하다면 그 사람에게 책임이 있다고 할 수 있다. 타인이 손해를 입었다면 피해자는 '가해자'의 책임을 추궁하고 손해배상이나 형사재판을 요구할 것이다. 반대로 '가해자'가 된 사람은 피해자가 주의 깊게 행동했다면 사고가 일어나지 않았을 것이고, 따라서 손해를 입은 것은 본인 책임이라고 주장할지도 모른다.

더욱이 제삼자는 사고가 일어난 것은 그곳이 위험한 상황이었으므로 그곳을 그렇게 방치한 관리자에게 책임이 있다거나, 가해자, 피해자, 관리자 모두에게 책임이 있다고 할 수도 있다.

또 다른 사람은 그 사고가 일어난 것은 자연적인 조건, 예를 들어 갑자기 비가 내려서 사고가 일어나기 쉬웠던 것이 가장 큰 원인이고, 따라서 사고는 '천재지변'과 같은 것으로 누구의 책임도 아니라고 할지도 모른다.

불운의 분배

실제로 많은 사고, 특히 중대 사고는 복수의 상호 독립적인 원인이 때마침 겹쳐 일어나는 것이며, 그것이 바로 우연이었다는 것을 의미한다. 그리고 원인이 되는 사건들이 겹쳐 일어날 것이라고 누구도 예측할 수 없었다면, 사고가 일어난 것은 '불운'이었다고 할 것이다. 또한 그러한 사고가 일어날 확률이 충분히 낮았다면, 당사자들이 사고가 발생할 가능성을 고려하지 않고 행동한 것을 비난할 수 없을 것이다.

그런데 그저 '불운'이었다는 이유로 피해자에게 그 결과를 강요해도 좋을까?

달리 말하면, 몇 개의 원인이 복합해서 발생한 사고는 그중에서 하나라도 존재하지 않았다면 일어나지 않았을 것이 확실하다. 그렇다면 그중에서 자연적으로 생긴 것은 별개로 하고, 사람의 행위로 생긴 것에 대해서는 각자에게 일부분 책임이 있다고 생각해야 하지 않을까. 물론 다른 원인이 합쳐지지 않았다면 사고가 일어나지 않았을 것이므로 그러한 행위로 사고가 나버린 것은 '불운'이었다고 해야 할 것이다. 아무튼 사고가 일어난 것은 '불운'이었지만, 사고 원인의 일부를 만든 사람이 결과의 일부를 책임지는 것은 당연하지 않을까.

사고가 일어날 확률이 될 수 있는 한 낮아지도록 모든 관계자가 사전에 노력하는 것은 당연하지만, 확률이 낮아도 '우연'히 일어나는 일이 있다. 그 경우에는 사후처리에서 '불운'을 적절히 나누는 것이 필요하다. 손해배상의 문제는 이러한 관점에서 생각해야 한다. 또한 보험회사가 손해를 보상하는(물론 당사자 중 적어도 한 사람이 사전에 보험에 들어 있어야 하지만) 것도 있을 수 있다.

당사자 한쪽이 고의 또는 과실로 사고가 일어날 확률을 높이는 일(예를 들어 음주운전)을 한 것이 아니라면, 사고의 사후처리에서 도의적인 또는 법률적인 '책임문제'를 지나치게 따지는 것은 헛된 일일 것이다. '불운한 사고'는 '불운'한 것이어서 본디 부조리한 것이다. 모든 당사자가 만족하는 해결방법은 있을 수 없고, '불운'의 적절한 분배로 '불행', 즉 불운한 사고의 피해로 생긴 사람들의 참담함을 되도록 작게 하는 수밖에 없다.

이를 위해서는 사람들의 동정심과 적절한 사회 규칙이 필요하다. 그러한 규칙에는 당사자들이 '불운'을 부담하는 능력과 사고가 일어나는 확률을 낮출 가능성을 고려할 필요가 있다.

대형사고의 책임

때로는 많은 사람이 큰 손해를 입는 '대형 사고'가 일어난다. 이러한 경우에는 사고의 '책임 추궁'이나 '피해자 구제'를 둘러싸고 여러 가지 논의가 이루어진다.

이러한 사고는 본디 '일어나서는 안 되는' 것이다. 하지만 인간과 관련된 것에 '절대'란 있을 수 없으므로 드물긴 하지만 현실에서는 이러한 일이 일어날 수 있다. 그러므로 사전에 이러한 일이 일어날 확률을 충분히 낮추고, "그러한 일은 현실에서 일어나지 않는다." 라는 것을 보증해야 한다. 이미 설명한 것처럼 "그러한 일이 일어날 확률은 1년에 백만분의 일이다."라고 해서는 안 되고, 책임자라면 "그러한 일은 일어나지 않는다."라고 보증해야 한다.

그래도 대형사고는 일어날 수 있다. 그 경우 "그러한 일이 일어날 확률은 매우 낮았다."라는 게 변명이 될 수 없다. 일이 일어난 이상 사전 확률은 가공의 계산일 뿐이다. 따라서 책임자는 사고가 일어난 데 대해 '책임'을 져야 한다. 현실에서는 관계자의 부주의, 태만, 능력부족 등으로 인해 사전 확률계산의 전제조건이 성립하지 않는 경우가 적지 않지만, 그러한 것이 없었다고 해도 "일어나지 않는다."라고 보증한 책임은 물어야 한다.

그런데 여기서 '책임을 진다'는 것은 무엇을 의미할까. 실제 사고가 일어난 과정은 '책임자'의 구체적인 행위와 관계가 없을 것이다. 그래서 그 사람 개인적으로는 "자신에게는 책임이 없다"고 주장할 수도 있다. 그러나 대형 사고를 일으킨 경우에 그 '책임'은 개인에 대해서가 아니라 공적 기관이나 기업 등에 묻는 것이 일반적이므로 결국 그 기관의 대표가 '책임자'가 된다.

그러나 누군가가 '책임'을 져서, 예를 들어 사임한다든가 또는 형사처분을 받는다 해도, 사실 사태가 원래대로 돌아가는 것은 아니고 피해가 줄어드는 것도 아니다. 그러니 이렇게 하는 것은 헛된 일일까?

대형사고의 손해를 입은 사람에게 그건 말도 안 되는 '억지'이다. 여러 가지 우연이 겹쳐진 '불운'일수록 피해자는 "왜 자신이 이러한 손해를 입어야 했는지"를 이해하지 못할 것이다.

불운의 사후처리 방식

확률이 낮은 우연으로 큰 피해가 발생한 것은 그 자체로 커다란 '불운'이다. 그러므로 그 '불운'이 피해자에게 초래한 '불행'이 가벼워지도록 최대한 노력하는 것이 사회의 의무라고 생각해야 한다. 그것은 사고가 일어날 확률을 최대한 낮추는 것과는 다른 차원의 문제이다. '불확실성하에서의 의사결정 이론'에 기초해 확률이나 '기대손실'을 최소로 한다 해서 문제가 끝나는 것은 아니다. 그것은 사전에 합리적인 행동을 위한 지침을 주는 것일 뿐, 확률이 낮은 우연이라는 '불합리' 또는 '부조리'한 일이 일어났을 때의 사후처리에 대해서는 어떠한 지침도 주지 못한다.

그리고 이미 발생한 '불운'을 어떻게 할 수 없다면 '불운'을 최대한 분배해 피해자의 부담을 줄여주는 것, 그와 함께 피해자가 사실을 이해하고 수용하는 것은 불가능하더라도 적어도 현실에서 일어난 일과 '화합하며' 살아갈 수 있도록 하는 것이 필요하다. 그래서 '마음의 보살핌'이 필요하고 여러 사람이 선의나 동정을 표현하는 것도 필요하다. '책임자'가 '책임'을 지거나 '사죄'하는 것도 사후처리의 한 가지 절차로서 필요하다고 생각한다. 이러한 '불운'의 사후처리 방식에 관해서는 지금까지 체계적으로 논의된 적이 없는 것 같다.

'불확실성하에서의 의사결정 이론'에 따라 우연을 봉쇄해서 '불운'을 소멸시킬 수 있다는 생각은 환상이다. 큰수의 법칙이 성립하는 우연의 경우에만 해당될 뿐이다. 그렇지 않은 우연이 발생했을 때 어떻게 대처하는가, 그리고 우연과 어떻게 어울릴 것인가는 중요한 사회적 과제이다.

03
우연이 없다면

우연을 헤아리는 건 상상력

확률론의 성립으로 우연이라는 것을 합리적인 사고의 틀 속에 가두는 데 성공한 것처럼 느껴지지만, 우연을 헤아리는 것은 인간의 상상력에 의존한다는 점에 주의해야 한다.

우연을 헤아린다는 것은, 아직 일어나지 않은 일에 대해 여러 가지 가능성을 상정해 비교하거나, 이미 일어난 일에 대해 현실에서는 일어나지 않았지만 일어날 가능성이 있던 것을 현실과 대치해서 상정하는 것을 의미한다. 결국 현실에 없는 사건에 대해 이래저래 상상하는 것이다. 만약 인간에게 상상력이 없다면 우연이라는 개념을 이해할 수 없을 것이다. 상상력이 없는(없다고 생각되는) 동물에게는 현실의 인식은 있어도, 거기에는 현실에서 일어난 일의 흐름이 있을 뿐이고 그 안에 우연이라는 것은 들어 있지 않을 것이다.

‘불확실성하에서의 의사결정’의 한계

‘불확실성하에서의 의사결정’ 이론에는 아직 일어나지 않은 복수의 사건에 대해, 그 확률을 추정하는 것과 각각이 일어났을 때에 얻는 이익 또는 손실을 평가하는 것, 두 가지 요소가 포함된다. 여기서 전자의 문제는 놓아두더라도 후자의 문제 또한 간단하지 않다.

이익이나 손실을 간단하게 금액으로 표시할 수 있어도, 금액이 클 때에는 거기에서 생긴 만족(또는 효용) 또는 불만(비효용)은 금액에 비례하지 않는다. 더욱이 금액 표시가 곤란할 때에는, 일어날 수 있는 상황을 여러 가지로 상상해 거기서 자신이 어떠한 만족 또는 불만을 느낄 것인지, 얼마만큼 행복하거나 불행해질지를 평가해야 한다. 모두 상상의 세계에서 일어나는 일이지만 그 결과는 현실의 행동으로 연결되어야 한다. 이것을 모두 합리적으로 평가할 수 있는지는 의문이다.

비록 결과 평가에 모순이 없다는 의미에서 정합적(整合的)으로 평가할 수 있을지라도, 현재 눈앞에 있는 것을 선택하듯이 미래의 불확실한 것을 합리적으로 선택할 수 있다고는 생각하지 않는다. 앞날의 가능성에 대한 문제는, 일어날 사건을 정확히 상정하기 어려울 뿐만 아니라 실은 평가하는 사람 자신도 변할 수 있다는 점에서 발생한다. 현재 바람직하다고 생각하는 일이 실제로 일어날 장래에는 바람직하지 않다고 느낄지도 모르고, 현재 싫다고 생각하는 일이 장래에 현실이 되면 오히려 좋다고 생각할 수도 있다.

그러면 현재 상상의 세계에서는 합리적이었던 결정이 실제로 그 때가 되면 실은 불합리했다고 생각되어 후회할지도 모른다.

또한 생사에 관련된 문제라면 '자신이 죽는 일의 효용(비효용)'을 정확하게 평가할 수 있을까? 자신이 죽으면 효용을 평가하는 주체가 소멸하므로 '죽음의 비효용'은 어디까지나 '죽음의 예상'이 가져오는 불안, 슬픔 또는 가까운 사람들이 받을 수 있는 타격 등을 가정하는 데에 그친다. 따라서 생명의 위험을 포함하는 사태에서 '합리적 결정'이 가능한지 의문이다.

'불확실성하에서의 의사결정' 이론을 주장하는 사람은 그러한 주체 측의 변화 가능성도 '불확실성' 안에 모두 포함되어 있다고 주장할지도 모른다. 그렇다면 합리적 의사결정에 관한 기준 또는 '공리'가 적합하다고 할 수 없다.

더욱이 개인이나 집단(기업, 국가 등)에서 장기적 미래에 대해 중대한 결단을 내리는 것은 불확실한 미래로 연결되는 무한한 분기점 간의 선택일 뿐이고, 실제로 그 선택이 합리적이었는지는 사후에도 알 수 없을 것이다. 현실에서 선택한 것과 다른 경로를 택했을 때에 무엇이 일어나는지, 그것이 현실에서 택한 것보다 좋은지 나쁜지 알 길이 없기 때문이다.

배우자를 선택할 때, A와 결혼하는 경우와 B와 결혼하는 경우,

인생은 크게 다를지도 모른다. 양쪽 다 무한한 불확실성을 포함하므로 행복할 수도 불행할 수도 있다. 이때 일어날 수 있는 모든 일의 확률을 계산해서 '행복도'의 기댓값이 큰 쪽을 택해야 할까? 그러나 이는 불가능에 가깝고, 만약 가능하다 하더라도 무한한 가능성이 있는 인생에서 '기대행복도'가 무슨 의미가 있을까.

배우자를 택할 때 '기대행복도' 계산 따위에 머리를 썩이느니, 망설임 없이 좋아하는 사람과 결혼하여 행복하게 살기 위해 노력하는 쪽이 훨씬 좋다고 생각한다.

신에 대한 도박

파스칼은 신을 믿느냐 믿지 않느냐의 문제도 도박이라고 생각했다. 신은 존재하든지 아니든지 둘 중 하나이다. 한편 사람에게는 신을 믿을까 말까라는 두 가지 선택지가 있다. 그래서 다음 쪽 표와 같은 4개의 조합과 각각의 효용을 나타낼 수 있다. 신이 존재하는 확률을 p로 하고, 신을 믿는 경우와 믿지 않는 경우에 대해 각각 기대효용을 계산한다.

파스칼의 도박

		신		기대효용
		존재한다	존재하지 않는다	
사람	신을 믿는다	사람은 신에게서 축복 받는다 $+\infty$	사람은 신에게 쓸데없이 기도한다 $-c$(c는 정수)	$+\infty$
	신을 믿지 않는다	사람은 지옥에 떨어진다 $-\infty$	아무것도 일어나지 않는다 0	$-\infty$

4가지 경우의 효용을 각 칸의 하단에 나타낸다. 기대효용은 확률 × 효용의 합으로, 신이 존재하는 확률을 p라고 하면,
사람이 신을 믿는 경우는 $p\times(+\infty)-(1-p)\times c=+\infty$,
믿지 않는 경우는 $p\times(-\infty)+(1-p)\times 0=-\infty$가 된다.

그 결과는 $p=0$이 아닌 한, '신을 믿는' 쪽의 기대효용이 크므로 신을 믿어야 한다. 이것이 파스칼의 결론인데, 요컨대 신을 믿는 쪽이 이득이기 때문에 (또는 이런 식의 논리로 말하면 그쪽이 무난하므로) 믿는 것이 진짜 신앙일까. 만약 전지전능한 신이 그것을 안다면 "그러한 간사한 마음에서 나온 신앙은 받아들일 수 없다."며 오히려 그 사람을 지옥에 떨어뜨리지 않을까. 결혼 상대에게 "내가 당신과 결혼하는 것은 당신을 가장 좋아했기 때문이 아니라 기대행복도가 최대였기 때문이다."라고 말하면 상대는 상처를 받을 것이다.

나는 '불확실성하에서의 의사결정 이론'이나 거기서 도출되는

효용, 또는 주관확률의 측정이론 자체를 부정하는 것은 아니다. 그러나 그 적용 가능성에는 한계가 있다는 점을 강조하고 싶다.

주관확률 측정의 한계

주관확률론을 주장하는 새비지 등은 사람들이 주관확률을 계측할 때 "어떤 사건 A가 일어날 확률은 어느 정도라고 생각하는가?" 또는 "그것은 바른 주사위를 던져서 1이 나올 확률보다 큰가, 아닌가?(즉 $\frac{1}{6}$보다 크다고 생각하느냐에 대한 것이지만, '$\frac{1}{6}$의 확률'이라는 추상적인 개념이 아니라 주사위라는 구체적인 물건과 연결지어 묻고 있다.)"라고 질문을 던지는 것이 아니라, 사건 A가 일어나면 건 돈이 a배가 되는 도박을 실제로 제시하여, 그 사람이 돈을 거는지 아닌지를 실제로 관측하는 것으로 주관확률의 크기를 추정해야 한다고 주장했다.

이 주장은 인간의 '마음' 같이 직접 관측할 수 없는 것은 과학의 대상이 아니므로 "어떻게 생각하는가?" 등으로 묻는 것이 아니라, 사람이 어떻게 행동하는지를 관찰 분석해야 한다는 행동주의 심리학에 기초한다.

사람이 입으로 말하는 것과 행동으로 나타내는 것 사이에 종종 모순이 생기는 것은 사실이고, "나는 이렇게 생각한다."고 말해도 그 말이 사실인지 아닌지를 직접 확인할 수 없으므로 행동주의 주장에도 일리가 있다. 그러나 이 사고방식을 엄밀하게 적용하려면,

예를 들어 사건 A에 대한 어떤 사람의 주관확률을 알기 위해서 "만약 사건 A가 일어나면 a원을 받을 수 있고, A가 일어나지 않으면 c원을 내야 하는 도박이 있다면 당신은 돈을 걸겠는가?"라는 식으로 질문하는 것이 아니라, 실제로 그러한 도박을 만들어 돈을 주고받아야 한다. 그렇다면 이렇게 실험할 수 있는 사건은 매우 한정될 것이다.

우연을 다루는 것은 상상 속 가능성을 헤아리는 것이므로 행동주의적인 실험의 대상으로 삼는 것은 애당초 곤란한 일이다.

우연이 인생을 풍요롭게 한다

인간이 상상력으로 우연을 다룰 수 있는 것은 불확실성에서 합리적인 의사결정을 할 수 있는 것 이상의 의미가 있다고 생각한다. 우연은 인생에 불안이나 실망을 안겨주지만, 아울러 모든 것이 필연적이고 예측 가능하다면 인생은 '꿈도 희망도 없는' 것이 될 것이다. 불확실한 미래에 직면하는 것은 현실에서 일어날 단 하나의 가능성 이외에 많은 가능성을 상상하는 것을 의미하고, 그만큼 상상의 세계를 풍요롭게 하는 것이다. 그것은 그것대로 플러스의 의미가 있을 것이다.

반대로 앞날에 일어날 여러 가지 재앙을 상상하는 것은 그것만으로 사람을 끔찍한 기분에 빠지게 할 것이다. 그 경우 그러한 일이 일어날 확률이 낮은 것은 위로가 되지 않는다. 왜냐하면 기대비효용을 계산하려면 확률을 곱하기 전에 그 일이 일어났을 때의 비효용을 평가해야 하기 때문이다. 사람들은 경우에 따라서는 기대효용의 계산 이상으로 불확실한 이익을 환영하거나 반대로 위험을 피하게 되는데, 그 자체를 불합리하다고 할 수는 없다.

옛날부터 사람에게는 도박을 좋아하는 경향이 있었다. 이를 '합리적 의사결정 이론'을 원용하여, "화폐의 한계효용이 증가한다, 즉 보유금액이 a원 증가함에 따라 얻어지는 효용의 증가분은 a원 감소함에 따라 생기는 효용의 감소분보다 크다는 사실을 증명한다."라는 말은 잘못이다. 화폐의 한계효용은 감소한다는 증거가 많기 때문이다. 도박의 매력은 그러한 '합리적 계산'보다 도박에서 이겼을 때를 상상하는 매혹 안에 존재하며, 그러한 매혹에 빠지기 쉬운 사람이 도박에 중독되는 것이다. 복권이나 경마 마권이 대량으로 팔리는 사실에서도 도박에 매력을 느끼는 사람이 적지 않다는 것을 분명히 알 수 있다. 실제로 경마에 도박이 없다면 단순한 말의 경주는 아무도 거들떠보지 않을 것이다.

스포츠 경기에서도 강한 쪽이 반드시 이기고 약한 쪽이 반드시 져서 처음부터 결과를 알고 있다면 아무 재미도 없을 것이다. 어느 쪽이 강한지, 한쪽이 이길 '확률'이 얼마인지를 계산하면서 경기를 보는데, 확률이 높은 쪽이 '예상대로' 이기기도 하고 약한 쪽이 '이

따금' 이기는 경험이 스포츠의 즐거움이라고 할 수 있다.

인간의 상상력은 우연이라는 것을 이해할 수 있게 하고, 또 우연은 상상력을 자극하는 것이어서 인생은 좀 더 풍요로운 것이 된다.

우연의 지배에 대항하는 길

상상력은 또한 개인이 경험의 한계를 넘어 타인의 경험을 이해할 수 있도록 한다. 여기에서 타인에 대한 공감도 일어나 타인의 '행운'을 기뻐하고 '불운'에 동정하는 마음도 생긴다. 때로는 타인의 '행운'에 대해 질투가 생길지도 모른다. 아니면 큰 재해, 즉 공통의 '불운'을 겪은 사람들이 고난을 헤쳐나가기 위해 협력하는 가운데 강한 연대감을 가질 수도 있다. 사람들은 상상력으로 '운'과 '불운'을 함께 나누고, 또한 거기에서 생기는 기쁨을 키우고 불행은 가볍게 할 수 있다.

우연으로 생긴 운, 불운은 완전히 우연이라는 점에서 본디 부조리한 것이다. 또한 피할 수 없는 것이기도 하다. 하지만 인간은 상상력으로 거기에서 생기는 행복을 더 키우고, 불행은 가볍게 할 수 있다. 물론 타인의 행운을 질투하거나 자신의 불행에 분노하기만 하면, 거꾸로 행복은 줄어들고 불행은 확대된다.

개인적으로 또 사회적으로 우연에 주체적으로 대처함으로써 행복을 크게 하고 불행은 가볍게 해야 한다. 그것이 우연의 지배에 대항하는 길이다.

역사 발전과 우연의 재발견

큰수의 법칙으로 우연을 길들이는 시대는 끝났다.
그럼에도 우연이 소멸한 것은 아니고
우연과 어울려야 한다는 사실도 변함이 없다.

01
확률의 눈으로 사회를 보다

우연을 받아들이는 방법은 역사와 함께 변해왔다. 우연을 '신의 뜻'이나 '운명'에서 벗어나, 즉 어떤 종류의 필연성으로부터 독립하여 '필연'과 대립하는 '우연'으로서 이해하게 된 것은 근대 과학적 세계관의 확립과 함께 18세기에 시작되었다. 그리고 확률론이 우연을 다루는 과학적인 방법으로 인지되었다.

케틀레의 사회물리학

18세기 수학자가 발견한 큰수의 법칙은 19세기 케틀레(1796-1874)에 의해 사회의 기본법칙으로 인정되었다.

케틀레는 인간사회에 대한 많은 통계 자료를 모아서, 특정한 사회에서 일정 기간에 발생하는 범죄 등의 현상이 거의 일정한 수가 되는 것을 밝히고, 사건 하나하나는 우연으로 보여도 많은 사람으로 이루어진 사회에서는 발생률이 일정하다고 주장했다. 그리고 한 사람 한 사람이 범죄를 저지르는지 아닌지는 결정할 수 없지만, 범죄자가 되는 일정한 확률이 있고 많은 사람이 모이면 범죄의 수는 거의 일정하다는 것을 큰수의 법칙으로 설명했다.

더욱이 케틀레는 많은 사람의 키 등을 재서 그 분포가 정규분포가 되는 것을 밝히고, 개인의 특성은 신체적 특성만이 아니라 지능이나 윤리적 특성까지 모두 정규분포로 되어 있다고 주장했다. 그리고 큰수의 법칙을 원용해, 사회 전체의 성질은 이러한 분포의 평균값과 같다고 생각했다. 모든 특성이 이러한 사회평균에 일치하는 사람을 '평균인'이라고 부르고, 사회를 대표하는 것으로 보았다.

케틀레는 큰수의 법칙이 사회에 관한 기본법칙이고 통계적 연구를 통해 사회를 과학적으로 파악하는 것이 가능하다고 생각해, 자연을 대상으로 하는 물리학에 대응해 자신의 방법을 '사회물리학'이라고 불렀다.

케틀레의 저술은 널리 환영받아 일부에서는 '통계 열광시대'라고 할 정도로 통계의 수집과 분석이 번성했을 뿐만 아니라, 국가와 지방 정부에 의한 통계조사와 출판도 번성했다. 케틀레는 공공 통계자료의 국제적 통일에도 공헌했다.

확률론적 해석의 오류

케틀레의 사상은 큰 영향을 남겼지만 문제도 있었다. 일부에서 오해하듯이 케틀레가 '평균인'의 특성이나 '범죄율' 같은 것을 물리적 상수같이 일정불변하다고 생각한 것은 아니다. 오히려 그는 이런 것들이 사회의 조건에 따라 변하고, 바뀔 수 있다고 생각했다.

문제는, 사회현상은 많은 사람에 의해 만들어지는 것이므로 사회적 사실을 검증하기 위해서는 많은 사람을 관찰해야 한다는 사실을 확률론적 큰수의 법칙과 바로 연결해버린 점이다.

요컨대 많은 대상을 관측해서 전체 경향을 보는 것은 사실상 확률론과 관계없는 것이다.

확률과 연결할 수 있는 것은 관측대상이 우연히(무작위) 뽑혔을 경우이다. 각각의 대상이 어떤 특성을 갖는지 아닌지는 사전에 결정되어 있더라도 그것이 뽑힐지 아닐지는 우연에 따른 것으로, 어떤 특성을 가진 대상이 뽑히는 확률은 그러한 특성을 가진 대상의 비율과 같다.

정규분포로 한정할 수 없는 특성치

개인 특성치의 분포가 정규분포가 된다는 것도 충분한 근거가 있는 것은 아니다. 키는 (남녀별, 연령계층별로) 정규분포에 가까운 분포를 따르는 것이 많은 데이터로 확인되고 있지만, 몸무게의 분포는 정규분포와 꽤 차이가 난다. 키의 분포는 평균에서 좌우대칭이지만, 몸무게의 분포는 오른쪽 아랫부분이 긴 비대칭 분포로 되어 있다.

예를 들어 성인 남성 키의 평균이 165 cm라고 하면, 그보다 15 cm 이상 큰 180 cm 이상인 사람과 15 cm 작은 150 cm 이하인 사람이 거의 같은 수가 되는 것은 자연스럽다. 그러나 몸무게의 평균이 60 kg이라고 하면, 그보다 30 kg 무거운 90 kg 이상 되는 사람은 그렇게 많지 않지만 희귀하다고 할 정도는 아니다. 그러나 평균보다 30 kg 가벼운 30kg인 성인 남성은 거의 없을 것이다. 실제로 인간의 몸이 크기는 달라도 닮은꼴이라고 한다면, 몸무게는 키의 세제곱에 비례하므로 키의 분포가 좌우대칭인 분포라면 몸무게의 분포는 비대칭이 되어야 한다(실제로 키가 큰 사람은 '마른 체형'이 많고, 키가 작은 사람은 '비만 체형'이 많으므로 몸무게는 키의 거의 2.7제곱에 비례한다).

키의 분포가 거의 정규분포가 되는 데에 특별한 이유가 있는 것은 아니다. "키는 부모에게서 받은 유전자나 출생 후 환경요인 등 많은 우연적인 요인으로 결정된다. 그 결과 중심극한정리에 따라 키의 분포는 정규분포가 된다."라는 설명이 있지만 무의미한 말이다. 만약 이러한 논의가 옳다면 몸무게에 관해서도 똑같이 말할 수 있어야 한다. 그러나 몸무게의 분포는 정규분포가 아니라는 것은 사실로 확인되고 있을 뿐만 아니라, 몸무게가 키의 세제곱(또는 2.7제곱)에 비례하는 한, 키와 몸무게 모두가 정규분포를 따를 수는 없다.

위 논의의 결점은, 만약에 개인의 키 또는 몸무게가 다수의 작은 우연적인 영향의 결과로 정해지는 것이 맞다고 해도, 그 영향의 누적이 대수합이 된다고 할 수 없다. 예를 들어 몸무게에 대해 우연 변동의 영향이 곱셈적으로 작용한다면, 즉 원인 A는 몸무게를 1% 증가시키고, B는 3% 감소시키며, C는 2% 증가시키는 작용을 한다면, 그것들이 우연히 작용한 결과 분포는 로그정규분포, 즉 몸무게의 로그값이 정규분포가 될 것이다•. 이때 몸무게의 분포는 비대칭이 된다.

우연 변동의 합성에는 여러 가지 경우가 있고, 변동이 누적된 결과는 여러 가지 형태일 수 있다는 것은 이미 설명했다.

케틀레의 도그마

개인의 특성 분포는 정규분포를 따를 것이라는, 이른바 '케틀레의 도그마'는 그 후 많은 분야에서 통계적 분석에 쓰이고 있다. 19세기에 이미 "통계학자는 특성치의 분포가 정규분포가 되는 것을 수

• 예를 들면 50kg은 약 $10^{1.7}$kg, 80kg은 $10^{1.9}$kg, 100kg은 10^{2}kg이며, 이들의 로그값 1.7, 1.9, 2가 정규분포가 된다.

학자가 증명했다고 생각하고, 수학자는 통계학자가 경험적으로 실증했다고 믿는다."라고 비판받았음에도 불구하고, 현재에도 '케틀레의 도그마'의 영향은 없어지지 않았다. 지능지수 IQ의 분포가 정규분포라고 가정하는 일이 많은데, 이것이 한 가지 예이다.

다만 우연 변동하는 양을 정규분포로 가정하는 것은 분석 모형의 출발점으로서 충분한 합리성이 있지만, 여기서는 깊이 다루지 않겠다.

개인과 가계 또는 기업 등 사회집단의 특성치에 대해서는, 그 후 많은 통계가 모여 정규분포 이외의 분포를 가진 경우도 여럿 존재한다는 것이 밝혀졌다. 특히 항상 양(+)의 값을 취하고 평균에 비해 표준편차가 별로 작지 않은 분포는 비대칭형이 되므로 정규분포는 적합하지 않다(키는 원래 양수만 취하지만 표준편차가 평균보다 한 자릿수 작아서 그 분포는 거의 대칭형이 되고, 정규분포를 적용해도 음수를 취할 확률은 극단적으로 낮으므로 문제가 없다).

이러한 경우에 여러 가지 분포가 적용되는 것이 있는데, 수학적으로는 확률분포로 도출된 것이라고 하더라도 실제로 확률분포를 나타낸다고 생각할 필요는 없다. 바꿔 말해 값의 변동을 우연적인 것으로 생각해서는 안 된다. 또한 큰수의 법칙을 고려할 필요는 없으므로 평균값이 분포의 대푯값으로서 특별한 의미가 있다고 할 수 없다. 중앙값 또는 기하학적 평균 등이 대푯값으로 적당한 경우도 있다.

19세기는 사회현상을 인간 집단이 만들어낸 집단현상으로 인식한 시대였고, 이는 20세기 사회과학 여러 분야의 출발점이 되었다.

02
큰수의 법칙 시대

표준화된 대량

20세기 전반기는 포드 시스템•으로 대표되는 제조업의 대량생산 시대였다. 미국 등에서는 제조업뿐만 아니라 농업에서도 기계화된 대규모 농장에서 곡물 등의 대량생산이 이루어졌다. 교통, 운수 분야에서도 철도와 증기선으로 여객이나 화물의 대량수송이 이루어졌고, 상업유통에서도 상품을 대량으로 취급하며 많은 고객을 상대하는 대형 백화점이 출현했다.

산업혁명과 함께 출현한 동력으로 움직이는 기계는 더욱 발달해 모든 면에서 기계화가 진행되었다. 군사 분야에서도 전차나 비행기

• 헨리 포드(H. Ford)가 1903년에 설립한 포드 자동차회사에서 실시한 생산합리화 방식을 통한 대량생산 시스템. 부품의 표준화, 제품의 단순화, 작업의 전문화 등으로 생산의 표준화를 이루고, 컨베이어 시스템으로 이동조립방법을 채택해 작업의 동시관리를 꾀함으로써 원가절감을 통한 대량생산과 대량소비를 가능하게 하는 계기를 마련했다.

등 기계화된 무기가 출현해 수백만의 병사가 기계로 생산된 무기를 갖춘 대량 군대(mass army)가 출현했다.

산업혁명 과정에서 탄생한 근대적 노동사회계급은 노동조합 등으로 조직화되고 생활 수준도 향상돼 예전 빈민의 처지에서 벗어나, 새로이 출현한 샐러리맨 등의 도시중간층과 함께 대중사회를 만들어냈다.

거의 균일한 사람들로 이루어진 대중(mass)을 대상으로 대량의 재화와 서비스를 제공하는 것이 경제 원칙이 되었다. '규모의 경제'에 따라 규격화된 제품과 서비스를 대량생산해 제공하는 것이 비용을 줄이고 효율을 올리는 수단이 되었다. 또한 이를 위해 표준화된 일을 하는 다수의 노동자를 고용하는 대기업 조직이 생겼다.

'표준화된 대량(standardized mass)'이 사회의 원리가 되었다.

큰수의 법칙의 지배

이미 15세기 말부터 발달한 인쇄술은 책이나 신문의 대량인쇄를 가능하게 해 동일한 정보를 많은 사람에게 전달할 수 있게 되었다. 또한 20세기가 되면서 라디오, 뒤를 이어 TV가 등장해 방대한 수의 시청자를 대상으로 하는 대중매체로 발달했다.

이 밖에도 축음기로부터 시작된 음향재생기술은 대중이 음악을 쉽게 접할 수 있도록 했고, 영화에서는 여러 벌의 프린트를 만들어 다수의 큰 영화관에서 많은 사람들을 대상으로 동시에 같은 작품을 상영했다. 영화제작은 많은 사람과 자본을 쏟아 부어 만들고, 성공하면 거액의 이익을 얻는 하나의 산업이 되었다.

공적 분야에서도, 교육에서는 수백만의 어린이, 학생을 대상으로 한 획일적인 의무교육 시스템이 만들어져 국민 전체가 균일한 초등교육을 받게 되었다. 의료, 위생분야에서는 많은 의사, 간호사를 조직해 더 많은 환자를 담당하도록 하는 근대적 대형병원이 생겼고, 보건소 등 국민의 건강을 관리하는 공중위생 보건기구가 만들어졌다.

정치에서는 보통선거제가 확립되어 수백만, 수천만의 선거인이 투표한 결과가 정치의 동향을 결정하는 대중민주주의 시대가 되었다.

이러한 사회에서는 모든 분야에서 중요한 게 숫자, 특히 평균이다. 또한 그 편차가 작다. 대량생산에서 중요한 것은 제품의 평균 품질이고, 규격을 충족하지 못하는 불량품의 비율은 낮다. 자동차 같은 복잡한 제품은 수많은 부품으로 이루어지는데, 대량생산에서 중요한 것은 부품이 일정한 규격을 충족하고 항상 교체할 수 있어야 한다는 것이다. 생산에 종사하는 노동자 역시 일정하게 표준화된 작업을 할 수 있는 평균적인 능력을 갖추고 있다.

바야흐로 큰수의 법칙이 지배하는 세계이고, 통계적 방법과 확률론의 대상인 세계였다.

통계적 방법의 발전

20세기 수리통계학의 창시자라고 할 수 있는 피셔는 로담스테드 농업시험장에서 수확량 분석으로 연구를 시작했다(3장). 이 농업시험장은 근대의 과학적 농업을 추진하는 곳이었는데, 피셔가 통계적 방법을 도입한 것이다.

공업에서는 슈하트가 공장의 품질관리 방법으로 통계적 방법을 도입했는데, 대량생산 공정에서 제품 품질의 편차를 줄이고 규격 외의 불량품 비율을 억제하기 위한 것이었다.

또한 인문연구 분야에서도 대중사회의 조사와 결과의 통계적 분석이 널리 응용되었다.

통계적 방법의 기초가 되는 수리통계학 이론은 1960년대에 이르러 거의 완성되었는데, '확률론과 큰수의 법칙'의 시대를 반영하는 것이었다.

또한 제2차 세계대전 중 전쟁에서 직면하는 구체적인 문제에 수학적 방법을 적용하는 것에서 출발한 오퍼레이션 리서치(operations research)는 전쟁 후 경영에 널리 응용되었다. 그중에서도 확률 모형에 기초한 방법이 중심적인 역할을 했다. 불확실성하에서의 의사결정 문제를 수학적으로 정식화한 '통계적 결정이론'도 발달했다.

이러한 방법들은 대량기술 시대에 우연적인 변동을 제어하는 방법을 제시하는 것으로, 핵심은 큰수의 법칙에 있었다.

이언 해킹의 말에 따르면, 이러한 방법으로 '우연을 길들이는' 것이 가능해졌다고 생각되었다.

03
양에서 질로

20세기 후반기가 되면 기술의 성격이 크게 변화하고, 이와 함께 '큰수의 법칙 시대'는 끝을 향하게 된다.

20세기 후반 기술의 핵심은 컴퓨터의 진보와 정보통신기술의 발달이었다. 이를 통해 대량 정보의 획득, 전달, 처리, 보관이 가능하게 되었다. 산업혁명 이후 대량의 에너지를 투입함으로써 대량생산, 대량수송 등이 가능하게 되었지만, 이를 제어하기 위한 정보기술은 여전히 대부분 인력에 의존했다. 대기업에서는 대량생산 노동자와 함께 여러 가지 형태의 정보처리를 하는 많은 사무노동자를 고용해 이른바 화이트칼라가 태어났다. 그러나 이러한 시스템에서는 정보처리의 효율이 대단히 낮았으므로 최대한 단순화할 필요가 있었고, 제품이나 생산공정, 업무를 표준화하는 것이 필요했다. 규모의 경제를 추구하기 위해서는 규격화와 획일화가 필수적이었다.

우연을 길들이는 시대가 끝나다

컴퓨터를 중심으로 한 정보기술의 발달로 이러한 획일화의 필요성에서 벗어나 다종다양한 제품 생산과 서비스 제공이 가능하게 되었다. 소품종 대량생산의 시대에서 다품종 소량생산(각각의 제품 생산은 적지만 전체로 보면 대량이 되는)의 시대로 변화한 것이다. 그리고 고객도, 대중의 한 사람인 '평균적 소비자'에서 '각각의 취향과 선택 기준을 가진 다양한 사람들'이 되어, 다양한 입맛에 맞는 제품이나 서비스를 요구하게 되었다. 또 제품의 단순한 물리적인 성능보다 미묘한 질이 더욱더 중요해졌다.

이것이 '양에서 질로' 또는 '규격화에서 다양화로' '하드웨어에서 소프트웨어로'라는 말로 표현되는 시대의 변화이고, 20세기 마지막 사반세기에는 그러한 경향이 지배적이었다.

이것은 '큰수의 법칙과 평균의 시대'는 이미 끝났다는 것을 의미한다. 다양한 요구에 응한다는 것은 제각각 평균에서 어떠한 방향으로 벗어난 기준을 충족해야 한다는 것이다. 또한 1회 생산으로 만들어지는 것은 소수이므로 원칙적으로 실패가 허용되지 않아 '불량률'을 문제 삼을 일이 없다.

또한 컴퓨터의 발달로 점보 비행기나 인공위성 또는 슈퍼컴퓨터처럼 수백만 개의 부품으로 구성된 매우 복잡한 시스템을 제작할 수 있게 되었다. 하지만 만약 하나라도 결함이 있으면 전체 기능이 마비되는 위험이 내포되어 있다. 따라서 통계적 무작위추출 검사로 검출할 수 있는 '불량률'이 출현하는 것은 허용되지 않는다.

큰수의 법칙으로 '우연을 길들이는' 시대는 끝났다. 그럼에도 우연이 소멸한 것은 아니고 우연과 어울려야 한다는 사실도 변함이 없다.

위험 확률 제로는 불가능하다

일단 발생하면 막대한 손실을 초래하는, 절대로 일어나서는 안 되는 현상에 대해서는 큰수의 법칙이나 기댓값에 따른 관리가 아닌 다른 사고방식이 필요하다.

예를 들어 '백만 명에 달하는 사망자를 내는 원자력발전소의 멜트다운• 사고'가 발생할 확률은 1년에 백만 분의 1 정도인데, "1년당 기대 사망자 수는 1이므로 다른 여러 가지 위험(자동차 사고 등)에 비해 확률이 훨씬 낮다."라는 논의가 이루어지기도 하는데, 그것은 당찮은 말이다.

만약에 그러한 사고가 일어난다면 한마디로 '끝'이다. "이러한 일이 일어날 확률은 매우 낮았다." 따위로 말하는 것은 아무런 위

• 원자로의 냉각장치가 정지되어 내부의 열이 이상 상승하면서 연료인 우라늄을 용해해 원자로의 노심부가 녹는 중대 사고.

로도 되지 않는다. 또한 "그 일이 일어나지 않아서 아무 변화가 없음에도 불구하고 매년 평균 1명은 죽었을 것이다."라는 말은 완전히 꾸며낸 이야기일 뿐이다. 이러한 사고에 대해 요율이 백만분의 1인 보험에 들거나 그 밖의 대책으로 '만일에 대비한다'는 것은 무의미하다. 해야 할 일은 이러한 사고가 '절대로 일어나지 않게 하는' 것이며, 그런 연후에 그 일이 발생할 가능성을 무시하는 것이다.

이렇게 말하면 "확률이 낮아도 완전히 제로가 아닌 한 가능성을 무시하는 것은 옳지 않고, 거대사고의 확률이 0이라고 딱 잘라 말할 수 없는 한 원자력 발전소는 건설하면 안 된다."라는 논의가 나올지도 모른다.

그러나 개인과 집단, 또는 하나의 사회, 국가, 더 나아가 인류 전체의 생존을 위협하는 위험성은 여러 가지가 존재하며, 그 확률은 절대 0이 아니다. 그 위험성이 인간의 행동으로 인해 일어나는 경우 또는 인간의 행동으로 방지할 수 있는 경우, 그 확률이 최대한 낮아지도록 노력해야 한다는 것은 말할 것도 없다. 그러나 그 확률을 완전히 0으로 만드는 것은 불가능인지도 모른다.

거대 운석 충돌에 어떻게 대비할까

이 우주에는 적어도 당분간은 인간의 힘으로 어찌할 수 없는 위험도 존재한다.

예를 들어 지구에 거대한 운석이 충돌하여 폭발한다면 지구상의 생물 대부분이 멸종되고 인류문명이 완전히 파괴될 위험성이 있다. 생물의 진화 역사상 몇 번인가 '대멸종'이 있었고 그중 일부는 이러한 운석 출동에 의한 것으로 보고 있으므로, 1억 년에 한 번 정도의 비율로 이러한 일이 일어난다고 생각해도 좋을 것이다. 그리고 이러한 일이 언제 일어날지는 전혀 예측할 수 없으므로, 1년간 이러한 사건으로 인류문명이 완전히 파괴될 확률은 1억분의 1이라고 생각해도 좋을 것이다. 현재 지구 주변에 이와 같은 위험한 물체는 존재하지 않는 것 같으니 앞으로 1년간 충돌이 일어날 확률은 0이라고 할 수 있을지 모르지만, 예를 들어 앞으로 100년 이내에 일어날 확률은 '1억분의 1×100＝백만분의 1'이라고 할 수 있을 것이다. 인류의 문명이 발생한 지 고작 1만 년밖에 되지 않았으므로, 인류문명이 그 사이에 이러한 일에 부딪힐 확률은 1만 분의 1 정도이다. 따라서 인류가 이와 같은 사건을 경험하지 않은 것은 당연하지만, 그렇다고 해서 이러한 일이 "절대 일어나지 않는다."라고는 말할 수 없다.

그렇다면 "인류 멸종의 확률이 0은 아니므로 결국 대비해야만 한다."라는 말이 옳을까. 어떻게 '대비'해도 인류가 멸종해버리는 것은 어쩔 수 없으므로, 이런 말은 해봤자 무의미하고, 이를 위한 노력이나 비용도 쓸데없는 일이다. 물론 장래에 지구와 충돌할 물체를 빨리 발견해서 그것을 파괴하거나 진행방향을 바꾸는 기술을 개발하는 연구는 마땅히 필요하겠지만, 이렇게 위험한 일은 실제로는 무시해버려야 한다.

본질적인 불안정성

원래 확률이 매우 낮은 일은 실제로 검증하는 것이 불가능하다. 이때 확률은 일정한 가정을 바탕으로 도출된 계산상 값에 지나지 않는다. 따라서 그 일과 현실을 연결하는 관계는 "확률이 낮은 사건은 사실상 일어나지 않는다."라는 것뿐이다. 그런데 어느 정도면 충분히 '낮은 확률'이라고 볼 수 있는지, 또는 '사실상 일어나지 않는다'는 것은 무엇을 의미하지는 다소 모호하지만, 그때그때의 상황 특히 그 일이 일어난 경우 결과의 중대성에 의존한다.

위에서 언급한 명제는 바꿔 말하면, 확률이 충분히 낮다면 일어나지 않는 것으로 본다는 뜻이다. 이는 단순한 관념적 판단이 아니라 행동원리라고 생각해야 한다.

인류문명의 존속이라는 거대한 문제부터 여러 수준의 집단, 개인에 이르기까지 "극히 낮은 확률은 0으로 본다."라는 말이 행동원리가 되어야 한다는 것이다.

예로부터 매우 확률이 낮은 위험에 신경을 쓰고 걱정하는 것, 즉 하늘이 무너지는 것을 걱정한 사람의 이야기 '기우(杞憂)'가 전해져 온다. 그러나 기우에 해당한다 하더라도 절대 일어나지 않는 것은 아니다. 이렇게 보면 인류 전체나 개인 한 사람 한 사람도 "확률이 극히 낮은 일은 일어나지 않는다."라는 전제에 자신의 존재를 걸고 있는 것이며, 본질적인 불안전성이 존재한다고 해야겠지만, 이 우주에서 사는 한 피할 순 없다. 우리는 그 사실을 인식함과 동시에 그러한 위험은 무시하고 살아야 한다.

04
우연의 통제

20세기 후반부터 탈대량화 시대로 전환되기 시작했다. 소품종 대량생산에서 다품종 소량생산으로, 규격화에서 다각화로, 양에서 질로 등의 방향으로 첨단기술은 변모했다.

이 시대에는 대량으로 생산되는 제품의 평균 품질이 아니라 제품 각각의 품질이 보증되어야 한다. 또한 항공기와 같이 막대한 수의 부품이 복잡하게 조립되는 시스템에서 나오는 제품은 모든 부품이 충분한 성능을 유지해야 한다. 여기에는 큰수의 법칙으로 보정되는 우연 오차가 허용될 여지가 없다. 품질관리에서는 말 그대로 '통계적'으로 허용될 수 있는 여지가 극히 작아졌다.

20세기 후반부터 첨단기술의 중심은 컴퓨터와 정보통신 기술이었다. 정보기술은 확률론과 밀접한 관계가 있지만, 대형 컴퓨터나 정보시스템에서는 '우연 오차'가 발생하는 것을 허용하지 않는다.

한 번의 오작동이 거대한 시스템을 다운시켜 막대한 손해를 가져올 위험성이 있기 때문이다. 따라서 기술에 주어지는 목표는 '기대 위험'을 작게 하는 것이 아니라 그러한 위험이 생기는 확률을 사실상 0으로 만드는 데 있다. 즉 '허용 위험'은 0이다. 이것은 거대한 정보시스템뿐만 아니라 원자력 발전소의 대형 사고 등에 대해서도 똑같이 말할 수 있다.

다중 안전 시스템

인간의 행동으로 인해 큰 위험이 일어날 가능성이 있다면, 그 확률이 극히 낮아서 실제로는 일어날 수 없다고 말할 정도가 되어야 한다. 원자력 발전소의 멜트다운 사고나 전면적 핵전쟁 등이 전형적인 예이다. 이러한 경우에는 그 확률을 1억분의 1 또는 백억 분의 1 정도로 낮게 해서 그 일이 일어나지 않도록 해야 한다.

그러나 실제로 1억 분의 1 또는 백억 분의 1이라는 확률을 검증하는 것은 불가능하다. 그래서 중요한 것은,

> **서로 관계없는 두 가지 인과관계로 발생하는 두 개의 사건이 동시에 일어날 때만 발생하는 사건의 확률은, 최초의 두 사건이 일어날 확률의 곱이다.**

라는 법칙(곱셈 법칙)이다. 이 말은 "서로 관계없는 인과관계로 발생하는 사건은 확률적으로 서로 독립이다."라는 것을 의미한다. 물론

이 말이 바르다는 논리적 보증은 없으나, 두 개 이상의 인과관계를 따로따로 생각할 수 있다는 것은 실은 그로 인한 결과가 독립이라는 가정을 포함한다고 생각된다. 그러므로 현실적인 행동원리로서 타당해서라기보다 필요한 것이다.

그래서 어떤 사건이 일어날 확률을 극도로 낮추려 한다면, 몇 개의 사건이 동시에 일어나지 않으면 그 사건도 일어나지 않도록 한 후에, 각각의 사건이 일어날 확률을 검증할 수 있는 낮은 수준으로 억제하면 된다. 이것이 다중 안전 시스템의 기본적인 사고방식이다. 따라서 실패 확률이 천분의 1인 안전 시스템을 서로 독립적인 4중 시스템으로 만들어 놓으면, 전부 실패해 대형 재해가 현실화하는 확률은 1조분의 1이 되는데 이는 충분히 낮아서 사실상 0이라고 할 수 있다.

현실에서 극도의 안전성을 보증하는 시스템이 대형 사고를 일으켰을 때에는, 몇 겹으로 만들어 놓은 안전 시스템이 실제로는 서로 독립이 아니라 하나의 공통 요인으로 인해 동시에 기능을 잃어버리는 경우가 많다(가장 명백한 예는 거기서 일하는 사람들이 안전규칙을 지키지 않은 경우이다).

드물지만 일단 발생하면 극히 중대한 결과를 가져오는 사고를 방지하기 위해 가장 중요한 것은 '확률의 곱셈 원리'가 성립하는 조건을 확보하는 것이다.

금융공학의 발전

20세기 말에는 대량(大量) 안에서의 편차와는 다른 의미의 우연 변동이 문제시되었다.

20세기 4/4분기에는 변동환율제가 확립되어 국제 통화거래가 활발하게 되었고, 또한 금융 · 증권업에 대한 규제가 와해 또는 철폐되어 금융 · 증권업이 크게 발달했다. 또 금본위제가 최종적으로 폐지되어 통화 공급이 증대하고, 대량의 자금이 주식 등의 금융증권이나 토지 등의 자산시장에 유입돼 자산거래가 급속하게 확대되었다. 그 결과 자산시장에서의 거래를 업무로 하는 이른바 금융자본이 급격하게 성장했다.

주식이 그 전형인데, 시장에서 거래되는 자산은 가격변동이 격심해 그 거래에는 큰 위험이 포함되어 있다. 또 이러한 자산가격의 변동은 종종 예측불가능하다.

그래서 금융자본 거래가 확대되었을 때, 자산가격의 변동에 따른 위험을 어떻게 제어할 것인지가 중요한 문제가 되었다. 여기서 생긴 것이 금융공학 이론이다. 금융공학은 1980년대부터 급속하게 발달해, 이 분야 연구자 중에서 노벨 경제학상 수상자가 여러 명 배출되기도 했다.

금융공학으로 제어하지 못한 우연

위험을 피하는 방법으로 옛날부터 보험제도가 있었다. 자산가격의 변동에 대한 보험은 존재하지 않지만, 유사한 사고방식으로 약간의 비용을 내고 그 대신 자산가격의 변동으로 손실이 생겼을 때 그것을 메우는 방법을 여러 가지로 생각할 수 있다. 그러기 위해 어떤 자산의 가격이 변동했을 때 그것과 반대방향으로 가치가 변하는 자산을 사들여 가격변동의 영향을 완화하는 것을 '헤지한다(hedge)'라고 한다.

자산가격의 변동을 헤지하기 위한 방법은 여러모로 생각할 수 있다. 어떤 자산의 가격 변동에 대응해 가치가 변동하는 금융상품이 여러 가지 개발되었는데 이를 파생상품(금융파생증권)이라고 한다.

문제는 파생상품의 적정 가격이 어떻게 정해지는가 하는 것이다. 파생상품의 가격을 도출하는 식을 블랙-숄즈 공식이라고 부르는데, 금융공학에서 가장 유명한 공식이다. 숄즈는 이 공식으로 노벨경제학상을 수상했다.

금융공학에서는 여러 가지 형태의 파생상품을 개발해 그 가격을 정하는 공식을 도출한다.

금융공학의 발달로 다양한 금융상품이 개발됐고 금융자산거래의 규모가 크게 확대되어, 금융자본은 거액의 이익을 얻었다. 동시에 자산가격의 변동에 따른 위험은 제어할 수 있게 되었다는 주장이 나왔다. 즉 자산가격의 변동을 가져오는 우연의 영향은 금융공학으로 제어되므로 예상 밖의 손실을 주는 위험은 없어졌다고 본 것이다.

그러나 2007년 서브프라임 문제로 촉발된 금융위기는 이러한 주장이 근본적으로 틀렸다는 사실을 분명히 했다고 생각된다.

금융공학 이론은 옳았는데 시장에서 거래하는 사람들이 이론을 따르지 않은 것이 잘못이라는 말은 변명이 되지 않는다. 금융공학 이론은 추상적인 '올바른 시장'을 기술한 것도 아니고, 또한 그 이론으로 시장에 '바람직한 상태'를 명령할 수 있는 것도 아니기 때문이다.

금융공학이 현실에서 틀렸다면, 그 이론 모형이 현실 자본시장의 상태를 기술하기에 적절하지 않기 때문이다.

버블과 붕괴

기본적인 문제는 이른바 '효율적 시장가설'에 있다고 생각한다. 이 이론은 많은 우연적인 변동이 서로 독립이고 서로 상쇄되어, 그 효과의 합은 결국 '조건부 기댓값'에 일치한다고 상정하고 있다.

그러나 자산시장, 예를 들어 주식시장에서 주가는 무언가 객관적인 확률 메커니즘에 따라 만들어지는 것이 아니다. 많은 구매자와 판매자가 참가하는 거래의 결과로서 변동하는 것이다. 또한 시장의 많은 참가자는 절대 독립적으로 따로따로 행동하지 않는다. 각각 독자의 그리고 공통된 정보에 기초해 판단함과 동시에, 시장이 어떻게 움직일지 즉 다른 사람들이 어떻게 행동할지를 상상하면서 행동한다.

그 결과로 일어나는 것이 '버블'과 그 붕괴이다.

어떤 자산의 가격이 상승하기 시작하면 사람들은 가격이 더 오르지 않을까 예상하고 그 자산을 살 것이다. 그러면 가격은 실제로 상승하므로 사람들은 예상이 맞았다고 생각해서 더 살 것이다. 그 결과 가격은 더욱 상승하게 된다. 이른바 '높은 가격이 높은 가격을 부르게' 되어 자산가격은 급등한다. 이것이 '버블'이라고 부르는 현상이다.

그러나 머지않아 사람들은 실제 가치와 비교해 자산 가격이 너무 비싸졌음을 느끼게 되고 가격은 결국 그 이상 상승하지 않고 오히려 하락하게 될 거라고 예상할 것이다. 그러면 가격이 내려가기 전에 자신이 소유한 자산을 팔 테고, 매도가 늘어나면서 가격은 실제로 내려가기 시작한다. 그러면 가격이 하락할 단계가 되었다고 판단한 많은 사람이 너도나도 먼저 매도하려 하고, 그 결과 가격은 폭락하게 된다. 이것이 '버블의 붕괴'이다.

옛날부터 이러한 '버블의 확대와 붕괴' 과정은 몇 번이나 일어났고, 그때마다 일시적으로 큰 이익을 얻은 '벼락부자'와 큰 손실로 파산한 사람들이 생겨났으며 금융위기가 일어나 경제는 혼란스러워졌다. 가장 큰 것이 1920년대 후반의 '주식 버블'과 그 뒤를 이은 1929년의 뉴욕 주식 대폭락 그리고 금융공황이다.

버블의 발생, 확대와 붕괴는 여러 번의 우연적인 사건을 계기로 일어난다. 그러나 이에 대한 사람들의 반응은 그 효과를 없애는 방향이 아니라 오히려 확대하는 쪽으로 연쇄반응을 일으켜 자산가격을 크게 변동시킨다.

금융공학이 상정하는 확률모형은 본질적으로 큰수의 법칙과 중심극한정리가 성립하는 세계를 나타내고 있다. 그러나 주식시장을 비롯한 현실의 자산시장에서는 우연적인 요인이 서로 강화하는 상호작용을 일으켜 더욱 역동적인 변동이 일어나게 된다.

금융공학이 더 유효해지기 위해서는 자산시장에서 기능하는 우연적 요소를 더 적절하게 모형화할 필요가 있다고 생각한다.

전쟁과 우연

우연의 연관방식이 과거와 달라진 것으로는 전쟁이 있다.

20세기 전반기를 결정지은 두 차례의 세계대전은 문자 그대로 참전국이 총력을 다한 '전면전(total war)'이었다. 몇백만의 병사가 동원되고, 대량생산된 무기, 탄약, 그리고 항공기, 전차, 군함 등이 사용되어 대량파괴, 대량살육이 자행됐다. 그리고 결국 '양'(물량, 인력)에서 우세한 쪽이 승리했다. 전쟁의 각 국면에서 여러 가지 우연이 결과를 좌우했지만, 결국은 큰수의 법칙이 작용해 양으로 이긴 것이다.

그러나 제2차 대전의 마지막 단계에서 등장한 핵무기는 '전면전'을 불가능하게 했다. 전면적인 핵전쟁으로는 적대자와 함께 인류 대부분이 휩쓸려 괴멸적인 손해를 입는 것이 명확해서, 어떠한 전쟁 목적도 무의미하게 되기 때문이다. 이러한 사실을 강대국의 지도자는 잘 이해하고 있었으므로, 제2차 대전 종결 후 바로 시작된 냉전 중에도 미국과 소련 두 강대국은 직접적인 대결은 주의 깊게 피했다. 그뿐만 아니라 사라예보 사건이 제1차 대전을 일으킨 것처럼 우연사건을 계기로 전쟁이 확대되는 일이 없도록 노력했다.

20세기 후반의 전쟁은 베트남 전쟁이나 아프간 전쟁 같이, 전쟁의 목적이나 전쟁에 대한 자세에서 적대하는 쌍방이 매우 다른 '비대칭 전쟁'이 되었고, 군사력이나 국력이 압도적으로 우세한 쪽이 반드시 이기다고 할 수 없는 상황이 되었다.

냉전 시대가 종결된 후, 미국의 군사력은 너무나 압도적이어서 미국을 상대하는 '전면전'은 절대로 생각할 수 없지만, 테러와의 전쟁이라고 불리는 전쟁의 비대칭성은 점점 증대해 '정규 전쟁'과 '범죄로서의 테러리즘'의 구별이 모호해졌다. 그리고 정규 전쟁은 큰수의 법칙을 따르지만, 테러리즘은 '9·11'이 그랬듯이 다분히 우연적인 조건에 영향을 받는다. 우연사건에서는 '9·11'의 경우와 같이 투입된 에너지의 크기보다 훨씬 큰 영향을 미친다. 따라서 '테러를 근절'하는 것은 '정규 전쟁'을 방지하는 것보다 더 어렵다.

05
우연의 재발견

21세기는 한편으로는 '확실성'이 추구되는 시대이지만, 그렇다고 우연을 지워 없앨 수 있는 것은 아니다.

오히려 '오차'나 '편차'로 파악되어 큰수의 법칙으로 '길들이는' 것이 가능한 우연과는 다른, 별종의 우연이 존재하며 그것이 큰 의미가 있음이 점점 더 명백해지고 있다. 즉 지금까지 설명한 대로 생물진화의 원동력이 되는 돌연변이, 시대 변화의 방향을 정하는 역사적 우연, 또는 인생의 출발점에서 부모에게서 물려받은 유전자의 조합이라는 우연에서 시작해, 근대화된 '열린 사회'에서 만나는 많은 '운' '불운' 등이 있다.

우연과 필연을 잇는 카오스

우연을 다루는 수학적 모형으로서 무작위 현상과는 다른 카오스

(chaos) 이론이 개발되고 있다. 카오스 이론은 결정론적인 관계를 충족하는 역동적인 시스템이지만, 시간이 지나면 그 움직임이 불규칙하게 되고 초기조건이 조금만 변해도 전혀 다른 형태의 경로를 가게 되는 시스템으로 장기 예측이 불가능하다. 우연의 한 가지 모형으로 이해할 수도 있지만, 무작위 현상보다 훨씬 다양한 양상을 띠어 현실의 여러 가지 복잡한 현상을 기술할 수 있는 것으로 생각된다.

예를 들어 어떤 생물 종이 불규칙한 시간 간격으로 '이상 발생'해 급격하게 수가 늘었다가 대부분이 금방 사멸해 원래 수준의 수로 돌아오는 현상도 카오스의 한 예라고 할 수 있다.

카오스는 짧은 시간의 변화는 비교적 단순한 미분방정식(또는 차분방정식)으로 표현할 수 있다는 점에서 완전히 결정론적이지만, 장기 변동은 초기조건의 미세한 변화로 크게 바뀐다는 점에서 우연적이다. 어떤 의미로는 필연과 우연을 연결하는 것이고 극히 다채로운 양상을 나타내는데, 이 모형으로 현실의 물리적, 생물적, 사회적 시스템을 이해하는 것은 앞으로의 연구과제이다.

우연과 예술

필연성과 큰수의 법칙 시대로부터의 전환에서는 예술이 가장 앞장서 있는지도 모른다. 20세기 전반기에는 예술의 모든 분야에서, 질서와 조화를 으뜸으로 하는 고전예술에 대한 반역이 일어났다. 나는 이에 관해 제대로 논할 식견도 여유도 없지만, 미술, 음악, 시, 소설, 연극 등 모든 분야에서 사실주의와 미적 조화를 원리로 하는 과학적 필연성에 지배된 근대 고전예술보다 20세기 '현대 예술'에서는 우연이 큰 의미를 지니게 되었다. 그러나 이른바 '랜덤 뮤직•'처럼 인공적으로 만들어진 '우연성'을 의미하는 것은 아니다. 하나의 작품 안에 있는 몇 가지 요소의 연관이, 과학적 필연성이 없는 자의적이고 우연적인 것으로 실은 그것이 현실을 더욱 잘 반영하는 것이라는 주장이다.

마치며

20세기는 이른바 우연의 발견 또는 재발견의 시대이고, '신의 뜻'이나 '인연' 또는 '운명' 등의 별명이 아닌 '우연' 그 자체의 적극적인 의미를 발견한 시대라고 말할 수 있다. 그리고 그것은 21세기에도 이어지고 있다.

그러나 큰수의 법칙에 지배되지 않는, 따라서 통계적 방법에 따라 '길들일' 수 없는 우연을 어떻게 처리할 것인가, 또는 '처리'라는 말이 우연을 완전히 지배하는 것을 의미하는 한 그것이 불가능하다면, 그러한 우연과 어떻게 '화합'할 것인가는 아직 해결되지 않

• 컴퓨터로 자동 작곡된 음악

은 문제라고 생각한다.

20세기 말에 출현한 '포스트 모더니즘'은 과학적 필연성에 지배된 세계를 '해체(deconstruction)'하려 하고 있다. 그러나 '객관적 필연성'의 전제(專制)에 대한 반역이 주관성의 일방적 강조나 합리성 그 자체의 부정, 또는 신비주의나 숙명론으로의 도피를 뜻한다면 근대 합리주의나 근대과학의 성과를 전부 부정하는 것이다. 그러므로 '우연'의 문제를 어떻게 다룰 것인지가 하나의 중요한 포인트가 된다.

현대과학이 나타내는 우주상은 뉴턴, 라플라스류의 기계적인 필연성으로 관철된 것이 아니다. 필연과 우연이 본질에서 얽히고설킨 역동적인 세계이다. 그것은 본질적으로 예측 불가능한, 새로운 것이 생기고 또한 어떤 것은 영원히 소멸하는 세계이다.

크게는 전체 우주로부터 지구 위의 생물계 그리고 인간이 만든 사회의 역사까지 모두 이처럼 역동적인 세계이다. 그 안에서 우연은 필연에 대항하는 방해물이 아니라 세계를 만들어내는 본질적인 요소이다.

우연은 한 사람 한 사람의 인간에게도 미지의 미래를 만들어 준다. 그것은 '암흑의 미래'가 아니라 '매혹으로 가득 찬 경이로운 미래'라고 기대해도 좋다.

우연은 다양하고, 절대 큰수의 법칙으로 해소되는 것이 아니다.

우연의 다양한 형태를 어떻게 이해하고, 그것과 어떻게 맞설 것인지가 21세기의 큰 과제이다.

자연과 인간 역사에서의 확률론
우연의 과학

초판 1쇄 발행 2014년 12월 10일
초판 2쇄 발행 2019년 5월 10일

지은이 다케우치 케이
옮긴이 서영덕, 조민영
디자인 김태수

펴낸이 윤지환
펴낸곳 윤출판
등록 2013. 2. 26. 번호 제2013-000023호
주소 경기도 성남시 분당구 정자동 230-12 1층
전화 070-7722-4341
팩스 0303-3440-4341
전자우편 yoonpub@naver.com

ISBN 979-11-950883-5-5 (03410)

이 도서의 국립중앙도서관 출판시도서목록(CIP)은 서지정보유통지원시스템 홈페이지(http://seoji.nl.go.kr)와 국가자료공동목록시스템(http://www.nl.go.kr/kolisnet)에서 이용하실 수 있습니다.
(CIP제어번호 : CIP2014034517)